| UFOの型 | 真下からの図 | 斜め下からの図 | 真横からの図 |
|---|---|---|---|
| **1. フラットディスク**<br>A 1954年10月　コックス<br>　 1952年2月7日　ニューハウス<br>B 1947年7月9日　ジョンソン<br>　 1952年7月14日　ナッシュ | | A<br>長円（オーバル） | A<br>「レンズ形」　「コイン状」 |
| **2. ドーム型ディスク**<br>A 1958年9月21日　フィッツジェラルド<br>　 1962年4月24日　ガスライン<br>B 1950年5月11日　トレント<br>　 1952年7月7日　ジャンセン | | A　　B<br>「帽子形」 | A<br>「第一次世界大戦の<br>英国陸軍ヘルメット形」 |
| **3. 土星型ディスク（ダブルドーム）**<br>A 1954年10月4日　サラディン<br>　 1958年1月16日　トリンダテ<br>　 1961年10月2日　ハリス<br>B 1956年8月20日　モーン | A<br>B<br>楕円もしくは、「羽根のついた長円」 | 「ダイヤモンド形」 | 「土星形」 |
| **4. 半球型ディスク**<br>1959年9月24日　レッドモンド<br>1961年1月21日　プリアム<br>1961年2月7日　サリー | | 「パラシュート」 | 「キノコ」<br>「半分に切ったキノコ」 |
| **5. 薄い球体**<br>1948年10月1日　ゴーマン<br>1950年4月27日　アディケス<br>1951年10月9日　C.A.A. | | | たまに突起物も<br>ついている |
| **6. 球形（どこから見ても丸い）**<br>1945年3月　　　デラロフ<br>1952年1月20日　バラー<br>1961年10月12日　エドワーズ | A　メタリックな外見の球体 | | B　光り輝く球体 |
| **7. 楕円形**<br>1958年12月26日　アーポリーン<br>1957年11月2日　レベルランド<br>1960年8月13日　ガーソン | 「フットボール」<br>「卵型」 | | |
| **8. 三角形**<br>1956年5月7日　G.O.C.<br>1960年5月22日　マジョルカ | | | 「涙形」 |
| **9. 円筒形（ロケットタイプ）**<br>1946年8月1日　バケット<br>1948年7月24日　チャイルズ | 「葉巻形」 | **10. 光のみ**　「星状」または「惑星状」 | |

UFO by Paul Whitehead & Gorge Wingfield
© Wooden Books Limited
© Text 2011 by Paul Whitehead & Gorge Wingfield

Japanese translation published by arrangement with
Alexian Ltd. through The English Agency (Japan) Ltd.

本書の日本語版版権は、株式会社創元社がこれを保有する。
本書の一部あるいは全部についていかなる形においても
出版社の許可なくこれを使用・転載することを禁止する。

# 未確認飛行物体
## UFOの奇妙な真実

ポール・ホワイトヘッド　ジョージ・ウィングフィールド 著

野間 ゆう子 訳

ジョン・ミッチェルの思い出に捧げる

表紙画はジョン・フレッチャーによる。多くの図版はゴードン・グレイクトン、チャールズ・ボウエン、ナイジェル・デンプスター、ポール・ホワイトヘッドにより編集された Flying Saucer Review 誌からのものである。ほかの写真は新聞・雑誌の切り抜き記事や個人のコレクションから集めた。Wooden Books のジョン・マーティヌーと、ソフィー・ホワイトヘッドに感謝を捧げる。

参考図書として下記のものを挙げておく。

Leslie Kean, *UFOs, Generals, Pilots, and Government Officials go on the Record*,
Ted Holiday, *The Goblin Universe*,
John B Alexander, *UFOs: Myths, Conspiracies and Realities*,
Jacques Vallée, *Passport to Magonia and Dimensions*,
Dr. J. Allen Hynek, *The Hynek UFO Report* 〔邦訳:『ハイネック博士の未知との遭遇レポート』二見書房、絶版〕

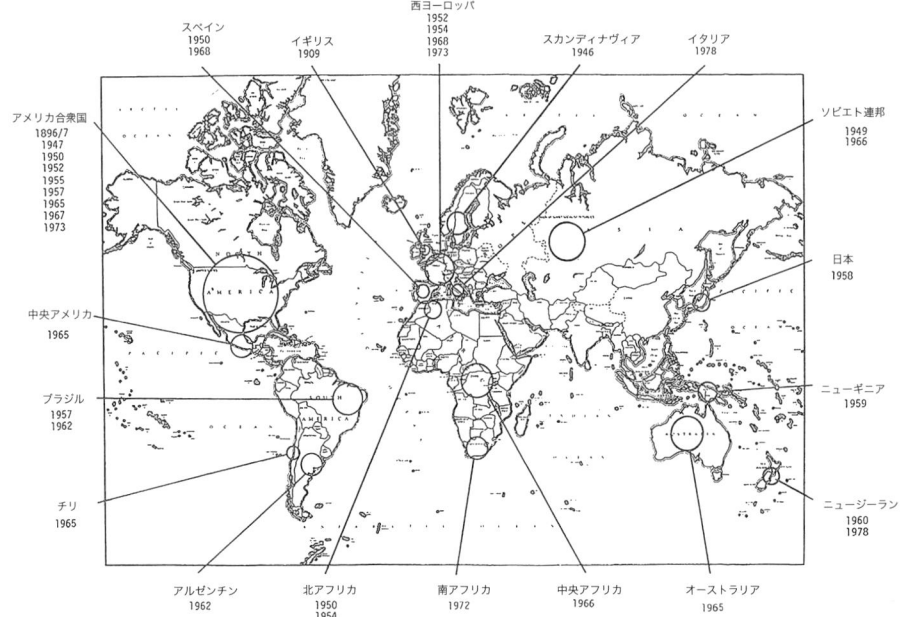

**20世紀におこった主なUFOフラップ（UFOの集団目撃事件）**

# もくじ

| | |
|---|---|
| はじめに | *1* |
| 歴史的な奇妙なできごと | *2* |
| 初期の空飛ぶマシーン | *4* |
| 宇宙は大きい | *6* |
| 空飛ぶ円盤 | *8* |
| 墜落と接近遭遇 | *10* |
| 詐欺師とペテン師 | *12* |
| 卵型の物体 | *14* |
| アブダクション | *16* |
| 空想にふけって | *18* |
| ウォーミンスターの怪物 | *20* |
| ウンモ事件 | *22* |
| イラン上空での動き | *24* |
| レンドルシャムの森 | *26* |
| 緑色の怪しい生き物 | *28* |
| ハドソンヴァレー・ウェーヴ | *30* |
| ベルギー上空のUFO | *32* |
| 多くの目撃証言 | *34* |
| 目に見えるもの | *36* |
| UFOとの交信 | *38* |
| UFOの真実性の探究 | *40* |
| 潜在意識からの訪問者 | *42* |
| それではETとは何なのか？ | *44* |
| フェルミのパラドックス | *46* |
| ほかの星の生命 | *48* |
| 宇宙とは何か？ | *50* |
| 付録　世界の有名UFO目撃事件 | *52* |

# Les Soucoupes Volantes viennent d'un autre Monde

**JIMMY GUIEU**

Editions
FLEUVE NOIR

# はじめに

　空に見られる不思議な物体、UFO（未確認飛行物体）は、20世紀半ばには「空飛ぶ円盤（フライング・ソーサー）」（フランス語では「*soucoupes volantes*（飛行する受け皿）」。左頁を参照）、または別世界からの宇宙船と呼ばれていた。しかしはるか昔から、不思議なものは空で目撃されていた。いまでは宇宙からの訪問者だと説明されるが、中世ヨーロッパでは天使や悪魔といわれ、18世紀や19世紀のおとぎ話では「小さな人々（エルフや妖精）」とされた。

　空に見られる未確認物体の正体にあらゆる可能性があることには疑いがない。毎年、多くの人々が目撃しているが、彼らはなじみの薄い航空機や、星、惑星、人工衛星、明るい雲でさえ見間違えてしまうのだ。それでもたしかに目撃された未確認飛行物体のなかで、説明しきれないものが残る。そうした残された目撃例や遭遇がこの本の主題なのだ。この世のものか、地球外のものか、次元を超えたものか、それがどこから発生したのかを見つけ出すのは読者のみなさまにおまかせしよう。経験豊かなパイロットも含む、多くの目撃者はたとえ人々から疑念を持たれたり、自身の評判を落とすことになったとしても、自分たちが見たUFOは「地球上のものではない」と強く信じているという。

　科学者たちは宇宙が生命で満ちあふれているのかどうかを、つねに考察している。それでも信頼できる目撃例（彼らがはねつけるレポートと同じくらいに不思議な現象）と宇宙の生命を関連づけるのにしばしば苦労する。宇宙は、生物の命の可能性を最大にするために精密に調整しているようだ。それでも私たちが知らないところで進化は進んでいる。不可解なUFOが世界中で見られるということは、UFOが実はわれわれが想像しているよりはるかに未知なものだという事実を示しているだろう。

　心の準備はできていますか？　では、はじめましょう。

# 歴史的な奇妙なできごと

## 洞窟画からエゼキエルの車輪まで

聖書の時代から現代へと時がたつとともに、人類は少しずつ宇宙の巨大さに気づくようになった。莫大な数の銀河や恒星や惑星があるなかで、人間は中心的な役割を果たす存在ではないのかもしれないと思うようになったのだ。似たような考え方は、何千年も前の私たちの祖先のあいだにもあったのだろう。彼らの概念的な(そしておそらく薬物に誘発された)洞窟画は、シャーマン的な幻想という抽象的なものから、日常生活の詳細を描いたものまで多岐にわたる。洞窟の壁には、動物だけでなく、変わった見かけの人間の姿をした生き物(次頁の右上のアルジェリアの絵を参照)を見ることができる。これは私たちの先祖なのか? それとも精霊だろうか? 神の姿か? 未来からの訪問者なのか? ほかの世界の生物か? もしくは空想の産物なのだろうか?

インドの古典「ヴェーダ」(紀元前1500年頃)には、神の空飛ぶ戦車、「ヴィマナ」について詳細に記されている(次頁の右下)。また、バビロニアや南米の石板には、空飛ぶ乗り物が描かれている(下)。聖書には似たような奇妙な物体(たとえば右頁左上の「エゼキエルの車輪」)が登場するし、ほかにも多くの空飛ぶ戦車を、さまざまな古代遺跡で見ることができる。

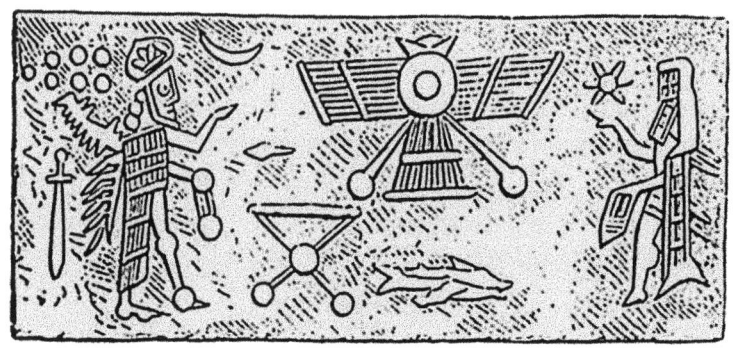

アルジェリア南部にあるタッシリ・ナジェールの岩絵は、紀元前5000年頃の奇妙な「宇宙飛行士」のように見える。

エゼキエルが近くで遭遇した、車輪付きで炎に包まれ埃を巻き上げる物体は、聖書にこのように書かれている。「またその中には、4つの生き物の姿があった。その有様はこうであった。彼らは人間のようなものであった」（エゼキエル書1章5節 新共同訳）。車輪についてはこのようにも表現されている。「車輪の中にもう一つの車輪があるかのようであった」（同1章16節）「4つの方向のどちらにも進むことができ」（同1章17節）「4つとも周囲一面に目がつけられていた」（同1章18節）

大地の上、雲の中を飛ぶ、船窓のついた車輪のような円盤がローマのコインに見られる。

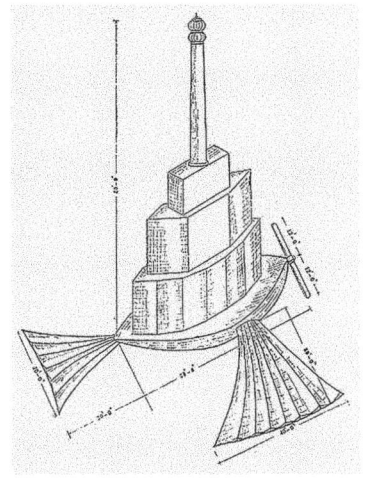

「ヴェーダ」を参考に描かれた、ちょうつがい状のものでつながった翼と尾翼があるシャクナ・ヴィマナのイラスト（1923年）

# 初期の空飛ぶマシーン

## 空に浮かぶ無気味な船

　未確認飛行物体についての記述は、さまざまな中世の記録で読むことができる。リヨンの大司教が9世紀に著した文書には、フランスの農民たちが信じている、「マゴニアという大陸からきた雲に浮かぶ船」の話が記されている。人々が「そうした船から落ちたという3人の男とひとりの女」に向かって、彼らが死ぬまで投石していたところを見た、と大司教は書いている。よく似た話は、1211年にティルベリのゲルヴァシウスも語っている。

　「その不思議な出来事は、ある日曜日、アイルランドにあるクロエラ村で、村人たちがミサに出席しているときに起きた。ここは聖キナルスを讃える教会である。碇が付いたロープが空から落ちてきて、碇の爪のひとつが教会の扉の上部のアーチに引っかかった。村人たちは教会からどっと飛び出して、碇とロープの先の上空に、人を乗せた船が浮いているのを見た。男はひっかかった爪をはずすために、碇に向かって降りようとしており、まるで水のなかを泳いでいるようだった。駆けつけた村人たちは、彼を捕まえようとした。しかし、村人たちが殺してしまうのを恐れて、司教は男を捕まえることを禁じた。自由になった男は船へ急いだ。乗組員がロープを断ち、船は出航し視界から消えていった」

　目撃例はその後、何世紀にもわたって続く。ミステリー・サークル(クロップサークル)の記録が最初に見られるのは1678年頃(右頁中央左)だ。ドロシー・ワーズワースの『グラスミア・ジャーナル』には1802年3月17日に不思議な赤い光が山腹を昇っていったと書かれている。また最初のUFOフラップ(同じ地域で短期間にUFOの目撃が多発すること)は、1887年と1896年から97年にかけてアメリカの東海岸で起きた(下)。

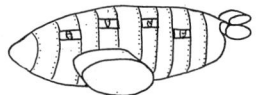 

ハンス・グレーザーによるこの版画は、1561年4月14日、ニュルンベルク(ドイツ)の上空に現れた空中の物体。

古代中国の版画には、賢人と着陸した宇宙船のようなものが描かれている。

「草を刈る悪魔」。1678年の木版画。草か穀草が丸く渦巻くミステリー・サークルを描いた初期のもの。ハートフォードシャー。

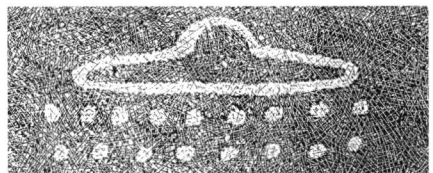

UFOにとてもよく似た、なにかを表現している北アフリカの洞窟絵画。

チベット語に翻訳されたサンスクリットの教典「般若経」に現れた帽子のようなふたつの飛行物体。ひとつには窓がついている。

左頁左:アンジー・ティルが目撃した19世紀のUFOのスケッチ。
左頁右:新聞記者が描いた、1897年4月にナッシュヴィルの上空を通り過ぎた飛行船。

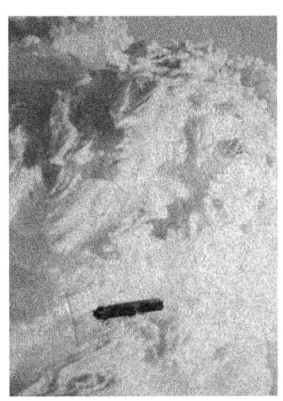

1870年にワシントン山の頂上から撮影された葉巻型UFO。

# 宇宙は大きい

## 恐ろしい科学とファンタジーの起源

1000年前、たいていの人は自分たちが小さな宇宙の中心にいると考えていた。ケプラーとコペルニクスが、私たちが太陽の周りを回っている惑星に住んでいると証明したのは、ようやく1600年代になってのことだった。それから1750年には、トーマス・ライトが私たちの太陽系はひとつだけでないことを示し（右頁右上）、1785年にはウィリアム・ハーシェルが最初の銀河系の絵を描いた（右頁左上）。

もし別世界があるなら、彼らは私たちと似ているかもしれない！ 1877年にジョヴァンニ・スキアパレッリは火星の運河の地図を描いた（右頁中央）。それから数年後、1898年には毎週のように新しい銀河が発見されるようになり、H.G.ウェルズは宇宙人が登場する最初のポピュラーなSF小説『宇宙戦争』を発表した。科学と作り話とファンタジーはひとつになり、現代に至るまで宇宙や宇宙人、UFOについての人々の考え方に影響を及ぼすことになった。

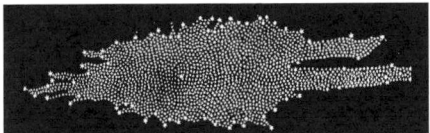

はじめて銀河系の構造を示したウィリアム・ハーシェルによる天の川の絵(1785年)。

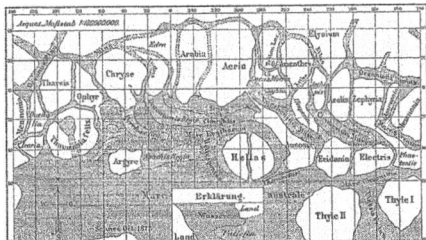

スキアパレッリによる火星の運河地図。この図はのちに天文学者パーシヴァル・ローウェルによって証明された。H.G.ウェルズの宇宙人(下)は火星からやってきた。

1750年に描かれたトーマス・ライトの空想図。ユニークな太陽系で宇宙はいっぱいだ。惑星が太陽の周囲を回るのは、その頃には常識になっていた。

科学者が観測し結果を吟味しているあいだに、夢想家と映画制作者たちは科学にかかわる恐ろしさを描き出し、大衆は何も知らされないままそれを楽しんだ。

# 空飛ぶ円盤

## 円盤時代の幕開け

　1947年6月24日、アイダホのビジネスマン、ケネス・アーノルドは、自家用飛行機でワシントン州のレーニア山付近を飛んでいた。その日は快晴で視界も良好だった。まばゆい閃光が空にまず一つ、そしてまた一つ見えたのに驚いたケネスが、北側に目をやると、編隊を組んだ9つの物体が高速で南に飛んでいった。それらは太陽の光を反射しているようで、下降、上昇しながら1団となって飛んでいた。「まるで受け皿（ソーサー）が水面を飛び跳ねているようだった」と彼はのちに語った。物体は蹄鉄か三日月の形をしており、とがっていない方を前方にして飛んでいた。

　彼の話はマスコミの関心を集め、受け皿（ソーサー）という説明から、ただちに「空飛ぶ円盤（フライング・ソーサー）」という名称が与えられた。空飛ぶ円盤時代の幕開けだった。それから数ヶ月の間、全米から空飛ぶ円盤についての報告が次々と寄せられた。ケネス・アーノルドが嘘をついたのではないことに、疑いの余地はなかった。

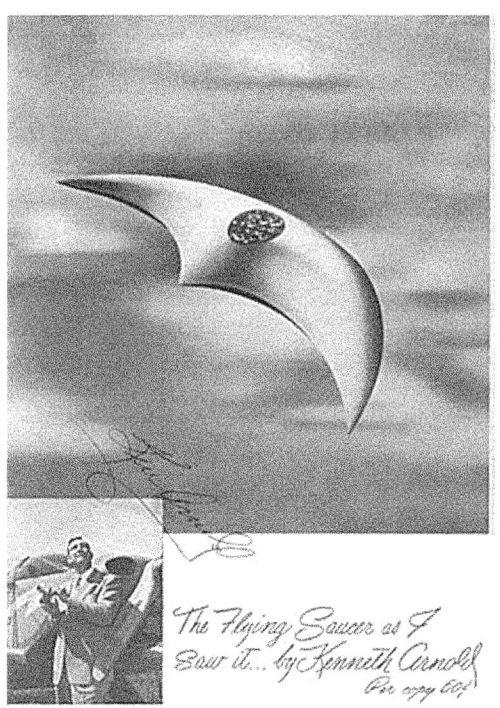

アーノルドは自分の乗った飛行機の前方で、レーニア山上空を飛んでいく不思議な物体と、それがおよそ76キロ南にあるアダムス山を通過するところを計測した。そこから計算したところ、物体の速度は時速2670キロ前後あった。これは1940年代当時のジェット機の3倍のスピードはあった。最も遅く見積もっても、どの飛行機にくらべてもはるかに速い、時速2170キロのスピードがあった。

1956年、アメリカ海兵隊の目撃例。太平洋上空約5800メートルを夜間飛行していたとき、指揮官のジョージ・ベンソンは自分の機体の下に光のかたまりを見た。飛行機にはパイロット、航法士、航空機関士が30人乗っていた。光のひとつがかたまりを離れ、大きな丸い物体から皿の形へ変形しながら彼らの方へ向かってきた。このことを何人もの乗組員が目撃しており、機体を傾け、減速するなどの回避行動を取った。主翼を通り過ぎ、約90メートル離れたところを一緒に飛んでいた。皿は裏返したような形になり、直径約120メートルまでになった。物体の縁は輝いていて地上のレーダーでも捕えられた。物体は前方に出ると、少し傾きながら時速約4000キロ以上のスピードで飛び去った。それからきっかり30年後、これによく似た形のより大きなUFOがボーイング747に接近して、世界的ニュースになるのだった。

# 墜落と接近遭遇

## 空は不思議でいっぱい

1947年7月、ニューメキシコの砂漠にある牧場に空から何かが落ちてきた。ロズウェル空軍基地からきた男たちが破片を回収して、これらは空飛ぶ円盤の破片であると発表した。ケネス・アーノルドによるUFOの目撃直後ということもあって、この事件は世界中のメディアの関心を集めた。しかし米軍はすぐに前言を撤回、残骸はただの気象観測用気球にすぎないと断言した。

その後、壊れた円盤と小さなエイリアンの死体を見たと名乗り出る人が続いた。彼らが真実を語っているのか、それとも、米軍がいまになって主張しているように、墜落の破片は秘密のモーグル計画*の気球だったのか、論争は依然として続いている。

1959年、パプアニューギニアのボイアナイにある伝道所のウィリアム・ギル神父が3夜連続して、宇宙船と乗組員を見た話はそこまで込み入っていない。6月26日、ギルとほかの40人は、伝道所の建物に光り輝く白い円盤が接近するのを見た。円盤の上部にはデッキがあって、そこには4つの人影が確認できた。人間に似たこれらの生き物は、なにかの作業に従事しているようで、デッキを出入りしていた。宇宙船は200メートルくらい上空に浮かびながら、周期的に光線を上方に放っていた。物体は雲に覆われるまで、4時間も見え続けた。

モーグル計画*：アメリカ陸軍飛行隊による高度気球を使った核爆発探知プロジェクト。ロズウェル事件当時、極秘の計画だった。

画家が描いたロズウェル事件の様子。これらの話をまとめたMJ12と呼ばれる機密文書が1984年から出回り始めた。この文書によると、1947年にアメリカ合衆国政府が、回収されたエイリアンの死体と宇宙船を詳細に調査し、ETの地球への訪問を論じるために、政府高官や軍幹部、科学者ら12人による委員会を設立したという。いまではほとんどの研究者はMJ12が偽造されたとものだと考えている。

ノーマン・クラットウェルが描いたスケッチ。2日目の夜、UFOは2つの小さな物体を伴い、輝きを放ちながら、前の晩より近いところに、90分間にわたって現れた。デッキには再び人影が見えた。ギルたちが手を振ると、UFOの乗組員たちも手を振り返した。彼らが両手を振ると、人影も両手を振って応えた。ギル神父がUFOに向かって懐中電灯を点滅させて信号を送ると、UFOもそれに応じているようにみえた。翌日は8機のUFOが現れた。ギル神父の書いた報告書には25人の証人の署名がある。

# 詐欺師とペテン師

## それは毎日生まれる

　1950年代以降、多くの人々が空飛ぶ円盤の乗組員と接触したと主張してきた。もっとも有名なのはカリフォルニアに住んでいたジョージ・アダムスキーだろう。彼は砂漠に着陸した葉巻型UFOから降りたった金星人に会ったと語った。遠くから見ていたアダムスキーの友人たちも彼の語ったことは事実だと証言した。彼は自宅近くのパロマー山の上をゆく空飛ぶ円盤を撮影したという写真を提示した。1953年、デズモンド・レスリーとの共著 *Flying Saucers Have Landed*（邦訳『空飛ぶ円盤実見記』）と、のちに書かれた *Inside the Spaceships*（邦訳『空飛ぶ円盤同乗記』）には、彼が経験したという月周回と金星への旅について記述されている。アダムスキーはこれら「スペースブラザーズ」との旅で、月の裏側に都市や湖、雪に覆われた山脈、森を見たといっている。

　のちにアメリカとロシアの宇宙探査機が撮影した月の写真によって、これまでなかなか消えることのなかった疑い、つまりアダムスキーが主張する真実は、空想以外のなにものでもないことが明らかになった。アダムスキーが彼の地球外とのコンタクトを信じる人々のためのカルト教団を設立したように、スイス人の農夫、ビリー・マイヤーもプレアデスからやってきた「ビームシップ」とコンタクトしたと主張して熱心なファンを生み出した。1970年代、マイヤーはセムヤーゼという名のプレアデス人女性と一緒に宇宙に行ったと語り、模型を使ってたくさんのビームシップUFOの写真をねつ造した。マイヤーの信用は失墜しているにも関わらず、彼の話を信じる人々はいまだ存在する。

　詐欺師とペテン師の作り出す話は現代に至るまで続いている。しかしながら彼らはこの本の主要なテーマではない。

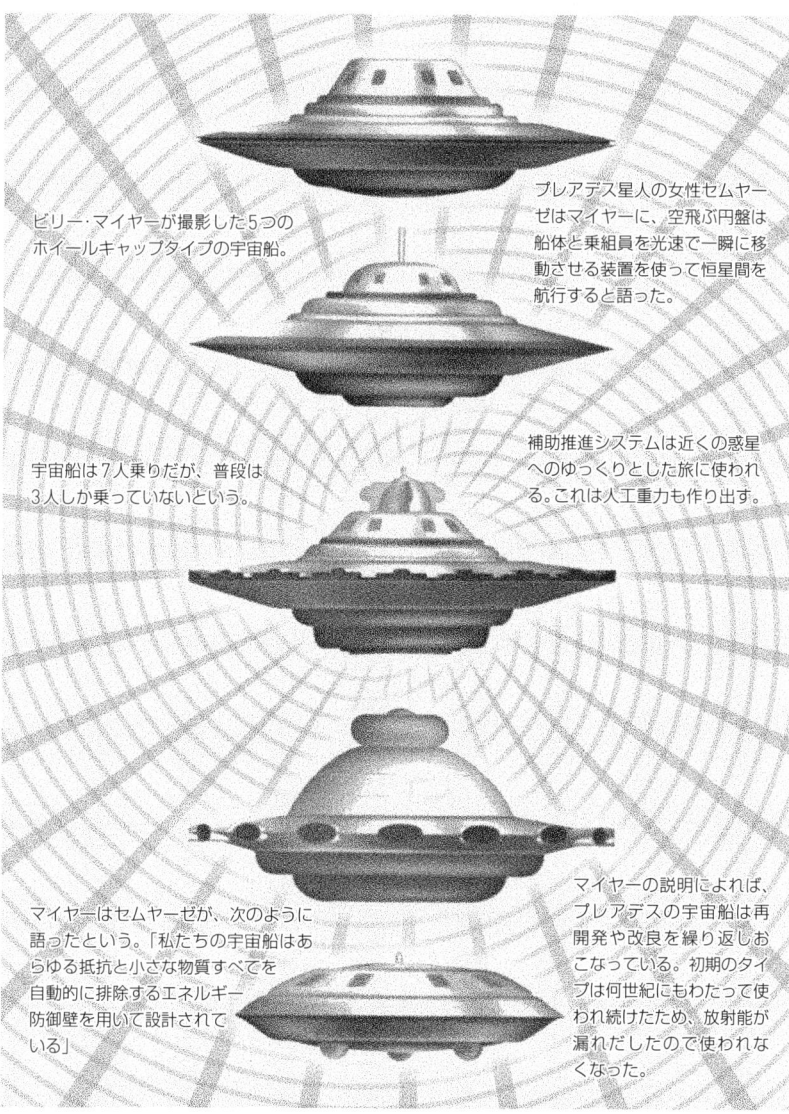

ビリー・マイヤーが撮影した5つの
ホイールキャップタイプの宇宙船。

プレアデス星人の女性セムヤー
ゼはマイヤーに、空飛ぶ円盤は
船体と乗組員を光速で一瞬に移
動させる装置を使って恒星間を
航行すると語った。

宇宙船は7人乗りだが、普段は
3人しか乗っていないという。

補助推進システムは近くの惑星
へのゆっくりとした旅に使われ
る。これは人工重力も作り出す。

マイヤーはセムヤーゼが、次のように
語ったという。「私たちの宇宙船はあ
らゆる抵抗と小さな物質すべてを
自動的に排除するエネルギー
防御壁を用いて設計されて
いる」

マイヤーの説明によれば、
プレアデスの宇宙船は再
開発や改良を繰り返しお
こなっている。初期のタイ
プは何世紀にもわたって使
われ続けたため、放射能が
漏れだしたので使われな
くなった。

# 卵型の物体

## ザモラの宇宙船とヴァレンソール事件

　1964年4月24日、警察官のロニー・ザモラは巡回中、ニューメキシコ州のソコロの爆発現場の捜査要請を受けた。町外れで、彼はひっくりかえったように見える車を至近距離で目撃したと思った。それは実際には「梁のような脚部」がついた卵型の物体と、ふたつの人影だった。ザモラの説明によると、子どもか小柄な大人のような姿をしていて、彼が近づいてきたのでビックリしているようだった。彼がさらに近づくとその物体は大きな音を立てて上昇し、そしてヒューという音とともに青い炎か光線を放った。スピードが出るに従って音は静まり炎は小さくなり、地面と平行に移動していった。ザモラは無線で助けを呼び、やって来たサム・シャヴェツ巡査部長とともに現場を捜索した。砂地に四角い痕跡や、少し焦げた茂みや小さな足跡、そのほかいくつかの痕跡をみつけた。

　1965年7月1日、フランスのラベンダー畑。午前5時45分、外で作業をしていたモーリス・マッセはある音を聞いた。あたりを見わたすと、そこには上部に小さなドームがある6本脚の卵型の物体があった。ドアごしには背中合わせの2つの座席が見えた。外では緑色の服を着た小柄な人物がラベンダーを調べていた。そのうちの1人が棒のようなものをマッセに向けた。この農夫は身動きができなくなったが、大きな頭、大きな目、薄い唇にとんがったあごという彼らの外観を記憶した。彼らはUFOに戻って飛び去った。マッセはそれから数ヶ月間、極度の疲労に悩まされた。

ザモラ事件。アメリカ空軍のブルーブック(UFO調査プログラム)の元責任者ヘクター・クインタニラJr.は「これはもっともよく記録として残っているケースだが、徹底的な調査にも関わらず、該当する乗り物もザモラを恐怖に陥れた原因もまだわかっていない」と語った。

モーリス・マッセの接近遭遇の様子。1965年7月1日、マッセはラベンダーを採取している「小さな人」をみつけた。マッセの身体は棒のようなものによってマヒさせられたが、これはUFO話のなかでは珍しいことではない。昔のおとぎ話に出てくる魔法の杖とよく似ている。

左:楕円形、またはそれに類する形のUFOは、オーヴァル、ラグビーのボール、飛行船、卵、ドングリ、涙型など様々に表現されている。目撃例は上記ふたつのほか、スウェーデンのヴァド(1956年)、ペルーのプエトロ・マルドナド(1952年)、スペインのヘレナ(1978年)などが挙げられる。

# アブダクション
## そして親密なる遭遇

1975年、アリゾナのシットグリーブス国立森林公園で伐採の仕事をしていた7人の男たちは、光り輝くドーム型の空飛ぶ円盤を目撃してトラックを止めた。そのうちの1人、トラヴィス・ウォルトンは車から飛び出して円盤へ向かった。物体はガラガラと音を立て回り始めた。ウォルトンはとっさに身構えたが、そこから発せられた光で地面にたたきつけられ、仲間たちはおびえてその場から逃げ去った。しばらくたってウォルトンを探しに戻ったが、そこにはもうなにもなかった。

彼らは地元の保安官に届け出て捜索がおこなわれたが、ウォルトンの消息はまったくわからなかった。そして仲間たちに疑いの目が向けられた。6人の木こり全員がポリグラフにかけられたが、結果はシロだった。

そして失踪から5日経って、衰弱して錯乱状態にあるウォルトンから姉妹に電話があった。姿を消したところから20キロ近く離れたヒーバーという町に迎えに来て欲しいというのだ。彼の驚くべき話は右頁を参照のこと。

これより古いケースとして、1957年10月には、ブラジルの農夫、アントニオ・ヴィラス・ボアスが、着陸しているUFOに乗せられ、人間の女性の姿をした宇宙人と自ら進んで性的関係を持つという事件が起きている。あとで、宇宙人はお腹をさすりながら、指で天を示したという。彼らの子どもを宇宙で育てるという意味だと、アントニオは受け取った。この経験はUFO愛好家たちに強い印象を残し、世界中に広がるアブダクション（宇宙人による誘拐。なんらかの実験の被験者になる場合もある）の前触れとなった。

アブダクションと宇宙人による性的実験は、おびただしい数の研究が示すように、人々が思っているよりも一般的なことである。これからお読みいただくように、恐怖に満ちたものから喜びにあふれたものまで、多くの人がその経験を報告している。

左：気がつくと、トラヴィスは3人の生き物に見守られながら、部屋のなかに横たわっているところだった。彼らは小柄で頭は大きくはげ上がっていた。トラヴィスは反撃を試みたが失敗する。そして丸い部屋に入ると、そこにはヘルメットを着用した人間が立っていた。彼らは数機の円盤型飛行船が駐機している場所にトラヴィスを連れて行くと、そこにはほかの人間もいた。酸素マスクが顔につけられ、トラヴィスは気を失った。次に彼が気づいたときには、ヒーバーの町に近い道路に横たわっていた。ポリグラフテストにパスしているにも関わらず、30年以上たっても、この事件を巡る論争は依然くすぶっている。

 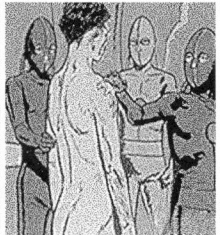  

23歳の農夫、アントニオ・ヴィラス・ボアスは畑を耕していたある夜、卵型の飛行物体を見た。トラックのエンジンもヘッドライトも利かなくなった。彼は4人の小柄な人間型ロボットによって飛行物体に引きずり込まれた。アントニオは裸にされ、ゼリー状のものを身体に塗られ、あごから血液を採取された。そしてガスを嗅がされ、別の部屋に連れて行かれた。そこで猫のような青い目をした人間の姿の女性に引き合わされた。

約100万人のアメリカ人が、エイリアンから身体検査を受けた経験があると主張している。ときには恐怖の体験だが、一部の人にとっては、気分が高揚する美しい思い出となっている。ハーバード大学のジョン・マック教授は、これら多数のアブダクション体験を無視してしまうには、あまりにも広範囲にわたっていると主張する。

# 空想にふけって
## 真実に近づく

　宇宙人に誘拐された経験は多くの場合、催眠状態でよみがえらせることができる。ハーバード大学のジョン・マック教授は後期の著述の中で、誘拐体験をした人はたくさんいるし、話も首尾一貫していて、そうしたことは彼らが一風変わったやり方で事実を語ろうとしていることを示唆しているとする。パシフィカ大学院大学のユング派サイコセラピストであるヴェノリカ・グッドチャイルドは、「宇宙人との遭遇は、通常の現実の外と個人の内なる世界のあいまいな境界領域で起きているようだ」と書いている。

　マック教授によると、宇宙人による誘拐は、奇妙な経験をした特殊な家族に起きるという。彼は次のように主張する。「……ヨーロッパ以外の文化では、この世界とは別の現実、別の存在、別の次元があることを以前から知覚していた。そして別の次元や別の現実世界は、私たちの世界と交錯することがある」。現代の西洋人はこうした領域を認めたり、研究したりするには物質主義的すぎると彼はいう。マックの考え方は、世界中の人々が信じていた妖精の国の話と同じである。そこには「小さな人々」によって誘拐された人間たちの物語がたくさん存在する。妖精と宇宙人の物語は、細かいところまで似通っているところが多い。（右頁を参照）

宇宙人と妖精は同じものなのだろうか？　妖精は人間を麻痺させたり、コントロールするために魔法の杖を振り、小さな宇宙人も同じ効果を得るために、棒のようなもので目撃者を指す。両者とも、緑や灰色の上下が一体になったチュニックを着ていると描写されることが多い。

インキュバス(左)は男の悪魔で、人間の女を誘惑し、思い通りにしてしまう。サキュバスは大きな胸をした女の悪魔で、人間の男から生命力を奪う。中世の学者たちは彼らとの性行為は夢の中でおこなわれたものとしたが、現代の私たちは、こうした経験をした人たちにとって、それは現実だったことを知っている。実際、夢ではないことを示すように、女性とインキュバスとのセックスの結果、子どもができたという話もある。異種交配の子どもたちは呪われていると思われるかもしれないが、彼らについては古今を問わず、妖精文学にもほかの文学にも記録されている。

# ウォーミンスターの怪物
## 空の不思議な光と黒服の男たち

1960年代のイギリス、ウォーミンスターの周辺では、好奇心をくすぐる事件が起きていた。住民たちは夜になると奇妙な音を聴き、空には奇妙な明かりを見た。住民集会が開かれ、新聞が「ウォーミンスターの怪物」と呼ぶものの正体を見きわめるために、大勢が押しかけた。

近くの丘の上で夜ごとに空を観測していた地元のジャーナリスト、アーサー・シャトルウッドは、丘の上でなにか大きな目に見えない存在を感じたと語った。懐中電灯を点滅させると、空に見える正体不明の光も点滅して応答したという。シャトルウッドはこれらの光が地球外の宇宙船のもので、目に見えない存在はその乗員であると信じていた。シャトルウッドは、惑星アエストリアからきた異星人カルネが自分の家を訪ねて、地球の未来について緊急の警告を与えたという。

その一方で、1950年代と60年代に起きたUFO目撃情報のほとんどは、アメリカにある目撃者の自宅を訪問し、UFOの写真を提出させ、ときにはその写真を押収する黒服の男たち(メン・イン・ブラック、MIBs)が深くかかわりあうことになる。黒いスーツに身を包み、しばしばラップアラウンド・フレームのサングラスをかけたこの男たちは、自らを政府の職員やUFOとの遭遇を調査している軍の高官だと名乗っていた。のちに目撃者が彼らに連絡を取ろうとしても、政府はこうしたものに関心はなく、そういった職員はいないと公式に否定された。一部の研究者はMIBsを変身した宇宙人だと信じており、ほかの人たちは、彼らをUFO事件の調査をまかせられた本物の政府職員でありながら、芝居じみた行動で目撃者を怖がらせ謎を深めていると思った。

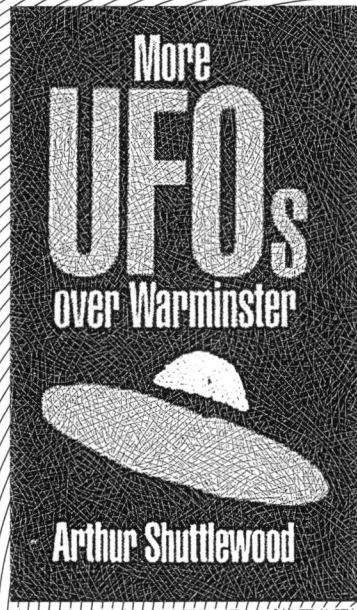
ウォーミンスターのUFOフラップ(4頁参照)についてシャトルウッドが書いた本の表紙。

1970年代に人気のあった雑誌『アンエクスプレインド』誌に描かれた「黒服の男たち(メン・イン・ブラック)」。

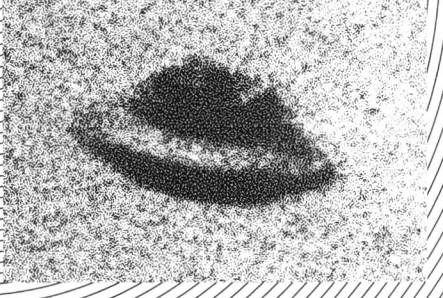
ゴードン・フォークナーによって1956年8月に撮影された「ウォーミンスターの怪物」の2枚の写真には、あきらかに外形の異なる宇宙船が写っている。左の写真は夜に撮影された。一方、上の写真はウォーミンスターの町の中心で昼間に撮影されたものだ。

# ウンモ事件
## そしてロシアであった奇妙な着陸

　ウンモ事件は1966年、スペイン、マドリードの近くで「⋇」のような印のついた空飛ぶ円盤を、たくさんの人々が目撃したことから始まった。その後ウンモ星人と自称する未知の情報源から、写真や文書が記者や研究者たちに送付された。そこには政治、技術、哲学などさまざまな話題が、ウンモ星での生活として詳細に描かれていた。

　1989年になると、今度は人口80万人のロシアの都市、ヴォロネジ市の公園にピンク色に光るUFOが着陸した。UFOからは3人の宇宙人とロボット1台が現れた。サッカーをしていた少年たちが着陸するところを目撃した。騒ぎに気づいた人々がたちまち集まり、開いていたハッチを見つめていると、そのなかには銀色のつなぎと銅色のブーツ姿の身長3メートルほどの宇宙人がいた。2人の宇宙人（つなぎには「⋇」の印がついていた）とロボットが宇宙船の外に出た。1人の少年が恐怖で声を上げたが、宇宙人が目をやると動けなくなってしまった。それを見た残りの者たちも叫び出すと、UFOと宇宙人は姿を消したが、それから5分後、彼らはふたたび出現する。1人の宇宙人が少年に50センチほどの長さの銃のようなものを向けると、少年は消えてしまった。宇宙人とロボットはふたたび宇宙船に乗り、飛び去った。するとその場所に少年が姿を現したのだった。

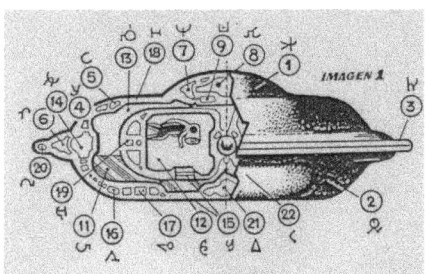

郵便受けに入っていたウンモ星の宇宙船の図解。

uomini. Nijail Gorva-
Bush. Inoltre si leggerà un documento estremamente importan
con controllo rigoroso chi assisterà.

UMMOAELEUEE
Copy: Number 106
(LONDON) – Italian

tti uomini e donne della Terra (OOYAAGA)
i siamo di UMMO: il 28 Marzo 1950 abbiamo preso contatto con TE
in prossimità di La Javie nel Sud del paese Francia. Le versio-

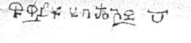

ウンモ星人によるとされる文書の一部。

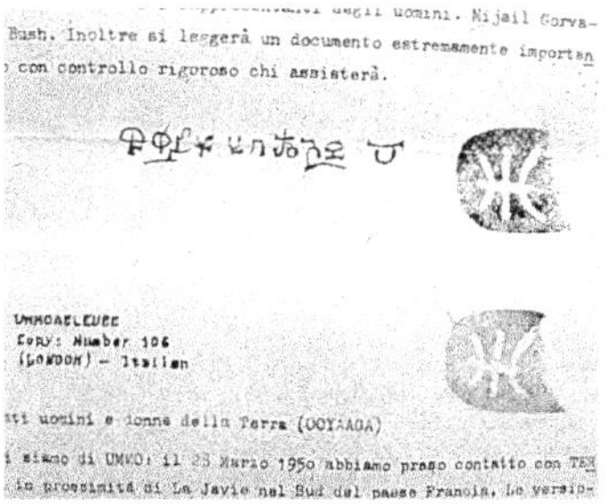

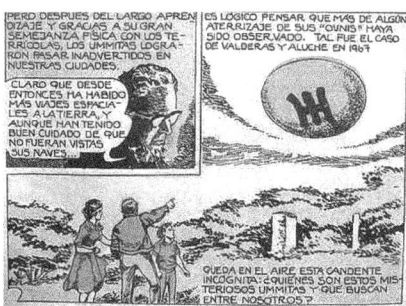

当時の漫画に描かれたウンモ星の宇宙船。

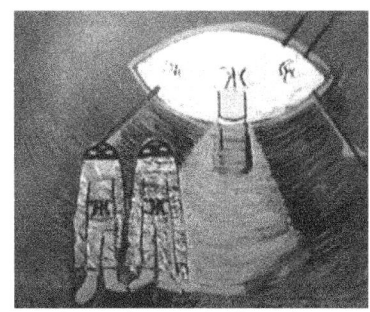

ヴォロネジでの目撃者が描いた絵。

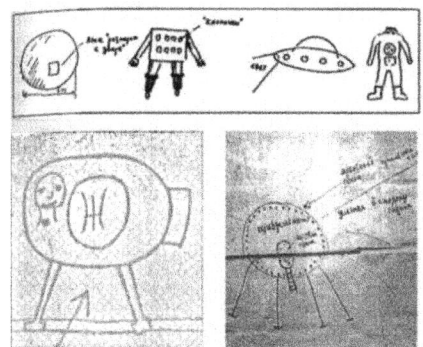

目撃者による、ヴォロネジに宇宙船が着陸したときの様子。

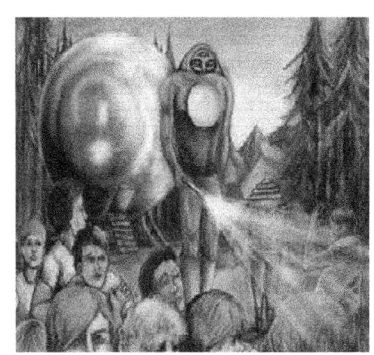

画家が描いたヴォロネジの宇宙人。

# イラン上空での動き
## 不思議な光とシステム不調

1976年9月、イランのテヘランに住む人々は、空に浮かぶ不思議な物体を目撃した。近くで調べるために戦闘機が1機発進したが、パイロットはすぐに通信器と計器の異常を発見して基地に戻った。2機目の戦闘機はUFOに接近して、それをレーダーで確認した。UFOがあまりに明るくてパイロットは目がくらんだが、彼が近づくと、物体は高速で飛び去った。それでもパイロットはなんとかUFOと同じ速度を保ち追いかけた。UFOはさまざまな色の光を放ち、戦闘機に向けて小さめのUFOを発射した。身の危険を感じたパイロットは、未知の脅威に対しミサイルの照準を定め、いつでも発射できるように準備をした。

あとはご存知のとおり。ミサイルシステムは機能しなかった。パイロットが急降下して衝突を避けようとすると、小さなUFOも一緒に急降下した。それが母船に戻るとようやく、ミサイルシステムは再び正常に機能するようになった。パイロットは助かった。だが、この事件は詳しい記録が残っているにもかかわらず、現在に至っても謎をはらんだままだ。

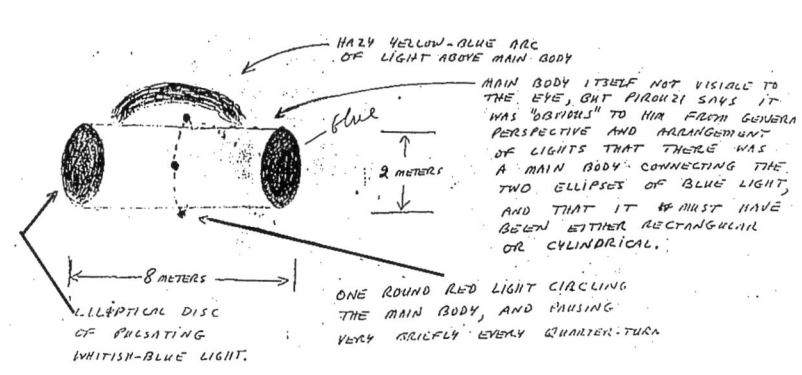

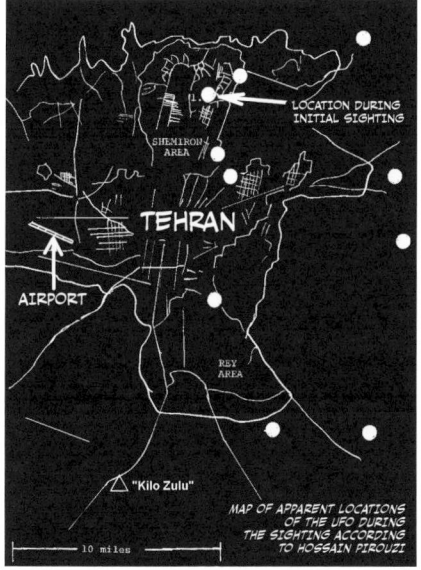
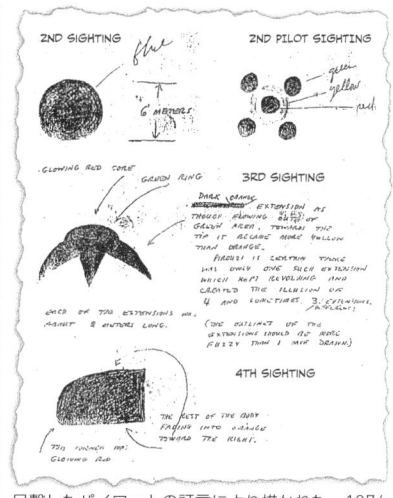

目撃したパイロットの証言により描かれた、1976年にテヘランに現れたUFOのスケッチ。似たようなUFO事件は1942年にアメリカのロサンゼルスでも起きている(左頁も)。

1942年に起きた「ロサンゼルスの戦い」のまっただ中に撮られた、ロサンゼルスにおける珍しいUFO写真。当初、戦いの相手は日本からの攻撃隊であると考えられたが、写真を見ると、これはあきらかに宇宙船だ。

# レンドルシャムの森

## アメリカ空軍の兵士が目撃した謎の着陸

英国サフォーク州にあるベントウォーターズ英国空軍基地（当時アメリカ空軍管理下にあった巨大なNATO空軍基地でもあった）のすぐ外の森で、1980年12月下旬、3夜にわたって驚くようなUFO着陸とその目撃談が報告された。輝くUFOが基地の近くの森に下りていったという報告を受け、巡視隊が航空機墜落の可能性を調べるために森に送られた。彼らは森のなかの空き地に、円錐形をした金属製の宇宙船が浮いているのを目撃した。ジェームズ・ペニストン曹長は着陸したその正体不明の宇宙船に近づいて、触れたといっている。ほかの兵士たちは木立のあいだから、赤と黄色の光の点滅を見た。

2日後、副司令官のチャールズ・ホルト中佐はほかに侵入者がいないか調べるために森に入った。彼はそのときテープを録音しており、のちに、英国国防省にメモを提出している。目撃者の何人かは事情聴取され、何も見なかったという報告書に署名させられたとのちに語ったのである。

```
DEPARTMENT OF THE AIR FORCE
HEADQUARTERS 81ST COMBAT SUPPORT GROUP (USAFE)
APO NEW YORK 09755

                                        13 Jan 81

REPLY TO
ATTN OF:  CD

SUBJECT:  Unexplained Lights

TO:  RAF/CC

1. Early in the morning of 27 Dec 80 (approximately 0300L), two USAF
security police patrolmen saw unusual lights outside the back gate at
RAF Woodbridge. Thinking an aircraft might have crashed or been forced
down, they called for permission to go outside the gate to investigate.
The on-duty flight chief responded and allowed three patrolmen to pro-
ceed on foot. The individuals reported seeing a strange glowing object
in the forest. The object was described as being metalic in appearance
and triangular in shape, approximately two to three meters across the
base and approximately two meters high. It illuminated the entire forest
with a white light. The object itself had a pulsing red light on top and
a bank(s) of blue lights underneath. The object was hovering or on legs.
As the patrolmen approached the object, it maneuvered through the trees
and disappeared. At this time the animals on a nearby farm went into a
frenzy. The object was briefly sighted approximately an hour later near
the back gate.

2. The next day, three depressions 1 1/2" deep and 7" in diameter were
found where the object had been sighted on the ground. The following
night (29 Dec 80) the area was checked for radiation. Beta/gamma readings
of 0.1 milliroentgens were recorded with peak readings in the three de-
pressions and near the center of the triangle formed by the depressions.
A nearby tree had moderate (.05-.07) readings on the side of the tree
toward the depressions.

3. Later in the night a red sun-like light was seen through the trees.
It moved about and pulsed. At one point it appeared to throw off glowing
particles and then broke into five separate white objects and then dis-
appeared. Immediately thereafter, three star-like objects were noticed
in the sky, two objects to the north and one to the south, all of which
were about 10° off the horizon. The objects moved rapidly in sharp angular
movements and displayed red, green and blue lights. The objects to the
north appeared to be elliptical through an 8-12 power lens. They then
turned to full circles. The objects to the north remained in the sky for
an hour or more. The object to the south was visible for two or three
hours and beamed down a stream of light from time to time. Numerous indivi-
duals, including the undersigned, witnessed the activities in paragraphs
2 and 3.

                                        CHARLES I. HALT, Lt Col, USAF
                                        Deputy Base Commander
```

上:イギリスのタブロイド紙
「ニューズ・オブ・ザ・ワールド」の
見出し。

左:事件が起きたことを認める公文書。

下:宇宙船に触ったという空軍兵に
よって描かれたレンドルシャムの
森で目撃されたUFOのシンボル。
UFOは温かくて、ガラスのように
ツルツルしていて、色彩が変化した
と彼は語った。

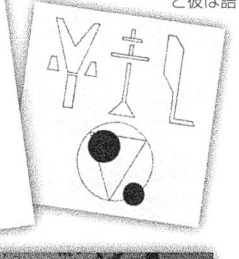

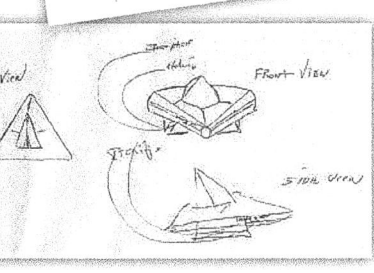

# 緑色の怪しい生き物
## 中央に柱をもつ円盤のふたつの目撃例

　1983年8月12日の真夜中を少し過ぎたばかりのころ、アルダーショット(英国)の運河で77歳のアルフレッド・バートゥーは紅茶を入れるために、釣りの手を休めた。夜空は晴れていた。第二次世界大戦の退役軍人のバートゥーは、明るい光が近くに下りてくるのを見た。ふたりの小さな人間のような生き物が近づいてきたので、バートゥーの犬がうなった。背丈120センチくらいで、淡い緑色のつなぎを着て、「真っ黒なバイザー付きの同じ色のヘルメットをかぶっていた」。そのなかの1人に招かれ、バートゥーは一緒に運河沿いの道を歩いて飛行物体に向かった。その内部は中央に柱が床から天井まで伸びていた。ナットもボルトもどこにも見えなかった。そしてほかにふたりの生き物がいた。バートゥーは薄オレンジ色の光の下に立つように命じられ「行くがいい。あなたは年を取って弱っているので、私たちの目的には合わない」といわれた。そのあとで飛行物体からうなるような音が聞こえ、あたり一面を強烈な光で照らしながら飛び去った。

　中央に柱のある飛行物体のもうひとつの目撃例が、ハッセルバッハ(当時東ドイツ)の近くで1950年6月17日にあった。夕暮れどき、前市長のオスカー・リンケと娘のガブリエレは大きな鍋のような皿のような形の物体を見た。40メートル離れたところに、光っている金属製の服を着ているふたりの「男たち」が、地面の上のなにかを見下ろしているところだった。10メートルほどに近づいて、オスカーはUFOの上に乗っている「黒い円錐形の塔」に気がついた。ガブリエレが父親を呼んだとき、ふたつの生き物は塔に飛び乗った。物体の横の部分がきらきらと光って、緑から赤へと色を変えた。物体は回転しながら、ゆっくりと上昇し、その間、塔あるいはシャフトは物体のなかに下がっていったり、また現れたりした。

1983年8月12日、アルダーショットの運河で魚釣りをしていたアルフレッド・バートゥーの事件を描いた、画家によるイラスト。バートゥーは別のUFO目撃例でもみられたような中央に柱状の塔のある飛行物体をはっきりと見た。

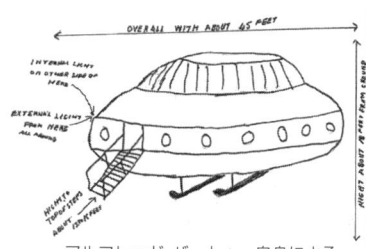

アルフレッド・バートゥー自身による、その日に目撃した驚くべきUFOのスケッチ。物体が飛び去ったあと、バートゥーは悠然とお茶を飲み終えた。

東ドイツのハッセルバッハ近くで、1950年6月17日、オスカー・リンケと娘のガブリエレにより目撃されたUFOの画家によるスケッチ。光を放って飛び去って行く様子を地元の多くの人々が目撃した。着陸跡を調査したオスカーは、丸い着陸痕と彼が見た塔の幅が同じであることを発見した。おそらく、塔が飛行物体の下部に突き出て地面に跡がついたのであろうと、オスカーは考えた。おなじ種類の柱状の塔は、アルフレッド・バートゥーの目撃例でも報告されている。

# ハドソンヴァレー・ウェーヴ
## 夜空の巨大な飛行物体

1983年から1986年の間に、何百、いやそれ以上、何千もの人々が、ニューヨーク州北部やコネチカット州の夜空に、巨大な三角形のUFOを目撃した。UFOは、しばしばわずか数十メートル上空で、ゆっくりと静かに空を飛んでいた。そしてよく「サッカー場のような大きさ」と描写された。「空飛ぶ都市ってのがあるとすれば、これがまさに空飛ぶ都市だね。小さい飛行船なんかじゃない。とにかく大きいんだ!」目撃者の一人、エド・バーンズが驚きをこめて語った。多くの目撃者は地球外からきた宇宙船だと信じていた。いつも音は聞こえなかった。そして暗い胴体に埋め込まれているように見える赤、青、緑、白の照明が光った。光の形状はついたり消えたりするたびに変わった。円形のUFOも目撃された(右下。コネチカット在住の写真家、ランディ・エティングによる1987年の写真)。ときには照明をすべて消して、UFOの姿が見えなくなることもあった。一部の人たちはこのUFOの数々をとても近くから目撃した。あるときは湖の上、またあるときはブキャナン(ニューヨーク州)にある原子力発電所の上にUFOは現れ、空中に浮かんでいた。これらは断じてアメリカ空軍のステルス戦闘機などではない。こうしたブーメラン型のUFOが初めて登場したのは1960年代の初めのことなのである。

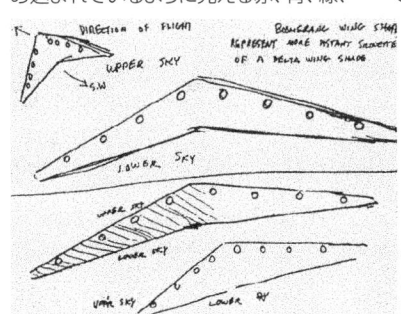

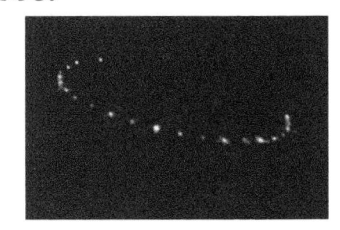

モニク・ドリスコールが描いた、1983年2月26日にニューヨーク州レイク・キャメルで目撃されたUFOの絵。

1984年7月24日、ニューヨーク州ブキャナンにあるインディアンポイント原子力発電所。UFOは15分間、原子炉と排気塔のあいだに浮かんでいた。これを12人の警官が目撃した。

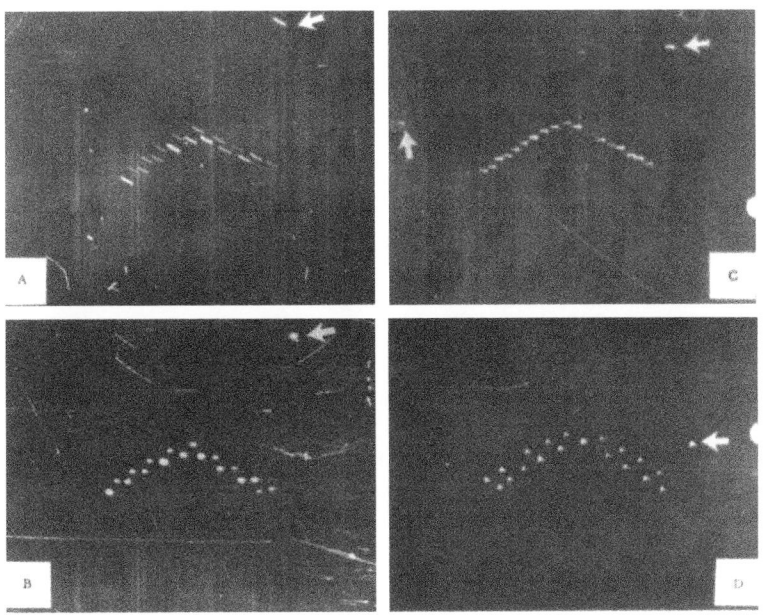

1951年に起きたテキサス州ラボックのUFOウェーヴ（目撃が多発すること）で撮影された不思議なブーメラン型の光。

# ベルギー上空のUFO
## 正体不明の空飛ぶ三角形

1988年から1991年にかけて、ブリュッセル、リエージュ、ナミュールをはじめベルギーの町のあちらこちらで、たくさんの人々が奇妙な三角形の飛行物体を見た。それはどのような飛行機とも違うものだった。

1989年11月29日のある事件では、車でパトロールをしていた2人の警官、ハインリッヒ・ニコルとヒューバート・モンティニーがオイペンの町の近くで、空にその物体を見た。サッカー場のような大きさの物体が空に浮かんでいて、3つの角から強烈な「ヘッドライト」が下方を照らしていたと、2人は語った。物体が浮かんだままだったり、静かに移動したり、あるときは光で地面を照らしていた。その様子を、彼らは1時間にわたって見ていた。それからまもなく、そこから北に12キロほど離れたラ・カラミンという町の上空に、似たようなUFOを別の2人の警官が見た。それは教会の上空の低いところに浮かんでいた。三角形の中央から赤く点滅しているライトが降りてくると、あたりを飛び回り、戻ってくる。それから白い3つの光は中央に集まり、ひとつの光になって飛び去った。空にはなにも残されていなかった。

ベルギー空軍でおこなわれた記者会見で、ウィルフレッド・デ・ブラウアー少将は、F16ジェット戦闘機が、何度かそのようなUFOを追跡した様子を説明した。レーダーで自動追跡したにもかかわらず、迎撃機より高性能な謎の飛行物体は高速で飛び去った。少将は「われわれには手に負えないなにか」がベルギーの上空で起きたと率直に語った。飛行機、または実験中の航空機のいずれもそのときにベルギー上空にはいなかったことを、彼はアメリカ空軍に確認した。デ・ブラウアー少将は飛行物体がどこから来たのか、その目的はなにかを突き止めることはできなかった。

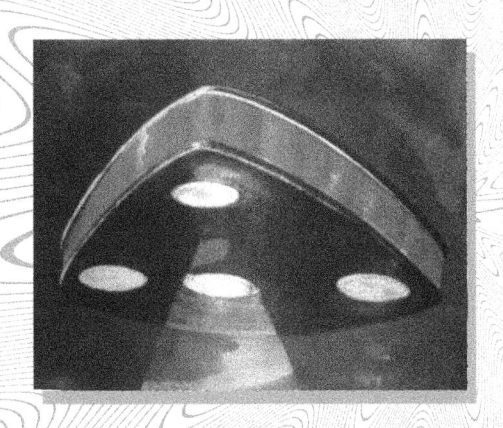

上2枚:
1989年にベルギーで撮影されたUFOの写真。

左:1989年から90年にベルギーでよく見られたUFOのイラスト。

下:1990年6月15日、ベルギーのワロンでJ.S.ホンラーラディが撮影した2枚の写真。三角形のUFOは1990年代を通して、さらに21世紀になっても目撃され、ベルギー陸軍と空軍はこの現象の調査を続けた。しかし誰がもしくは何が、彼らの空域に侵入していたのかを解明するには至らなかった。軍幹部はいまになっても困惑したままだ。

# 多くの目撃証言
## 典型的な「曲がりくねった道」での事例

　人里離れたところが多く、人口密度の低いオーストラリアは、アレン・ハイネック博士が、UFO事件が起こりやすいと主張する条件がそろっている。驚くほど多くの事件が人のほとんどいない夜の曲がりくねった道で起きているという。

　1993年8月8日の夜、メルボルン近郊で、ケリー・ケーヒルが夫と3人の子どもたちとともに車に乗っていると、輝く丸い窓があるオレンジ色に光る円形の物体が着陸しているのを見た。その日の夜遅くの家への帰り道、最初にそれを目撃した付近で、ケリーは2つ目のUFOを見た。今回はケリーの夫もUFOが立ち去る前に目撃した。さらに車を走らせていくと、道の真ん中に大きな明るい光が現れた。これはハイネック博士によるとUFOの典型的な行動だ。そして、UFO、すなわち光は突然消えるのである。

　あとになってケーヒル夫妻は、自分たちが知らない間に1時間、いや、2時間ものときが過ぎていたことに気がついた。そしてケリーのへその回りには不思議な三角形の印がついていた。数ヶ月もたってから、ケリーはその「失われた時間」に、夫と自分は車を降りて、光る赤い目をもつ、身長2メートルの黒っぽい宇宙人の一団に会っていたことを思い出し始めた。また、後日、ほかの車に乗っていた3人の人物も、ケリーが最初に目撃した物体を見ていたことがわかった。彼らはケリーとも彼女の夫とも面識がなかった。

　複数の目撃者がいるこの事件は、失われた時間や2組の目撃者が経験した超自然的な体験があり、とくに第三の車からの目撃証言も加わり、ありふれたUFO目撃事件から「有名UFO事件」の仲間入りをした。

　ケリー・ケーヒルがこの事件ついて語っている映像はYouTubeで見ることができる。

典型的な「曲がりくねった道」でのUFO遭遇事件のイラスト。UFOの目撃例の多くは「人里離れた夜の曲がりくねった道」で起きている。

1993年8月8日、ケリー・ケーヒルが2回目撃したとされる宇宙船のイラスト。

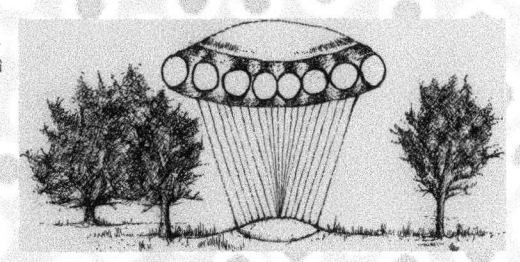

ケリー・ケーヒルが「失われた時間」に会ったという背の高い黒っぽい宇宙人のイラスト。

# 目に見えるもの

## オーラとオーブ

　ここ数年、もっとも頻繁に見られる大気中の未確認現象のひとつが、デジタルカメラで大量に撮影された「オーブ」の光だ。たいていの場合、この光は夜にフラッシュを使って撮影したデジタルカメラの写真に現れる。ある人々は瞑想で部屋中にオーブを出現させることができるという。オーブはほこりか空気中の水分が写っているに過ぎないと懐疑論者たちはいうが、静かに座っているだけの人が、どうやってこの撮影可能な現象を起こすことができるのか、その説明にはなっていない。ある人々は、オーブは生き物であり妖精（18頁参照）であり、あるいは死者の魂だともいう。白昼、自分自身の目でオーブや明るい光を見ることがあるという人が25人にひとりはいる。この数字は生物の周囲にオーラ（おそらく電磁的効果）が普段から見える人々の割合と近い。オーブは人類が存在を忘れていた、現実のなかにあるミステリアスな領域への、タイムリーな手がかりになるかもしれない。

　家のなかでオーブの写真を撮って、どう思うか考えてみよう。

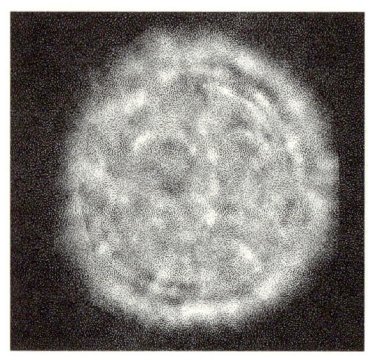

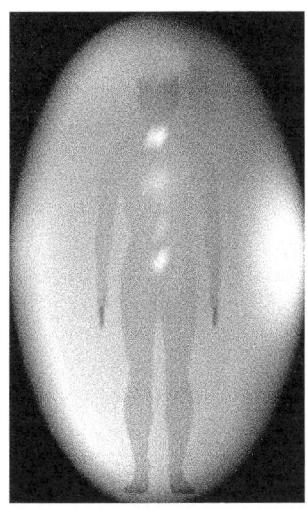

25人にひとりの割合で見える人がいるという、人間のオーラとチャクラのイメージ画。同様に10人にひとりは、特定の音を聞くとある色を知覚するような「共感覚」と呼ばれる能力を持ち、別の人は電磁場を「見る」ことができる。

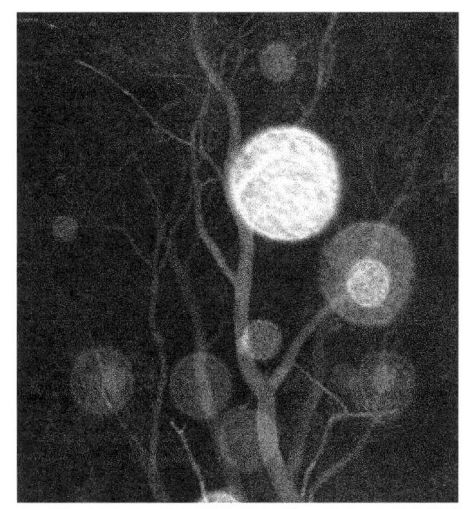

上、下、左頁：オーストラリアのシダー・リヴァーズのデジタルカメラによって撮影された「オーブ」の写真。オーブは瞑想に反応し、ある特定の場所のまわりに集まるようだ。シダーのウエッブサイトではたくさんのオーブの写真をみることができる。

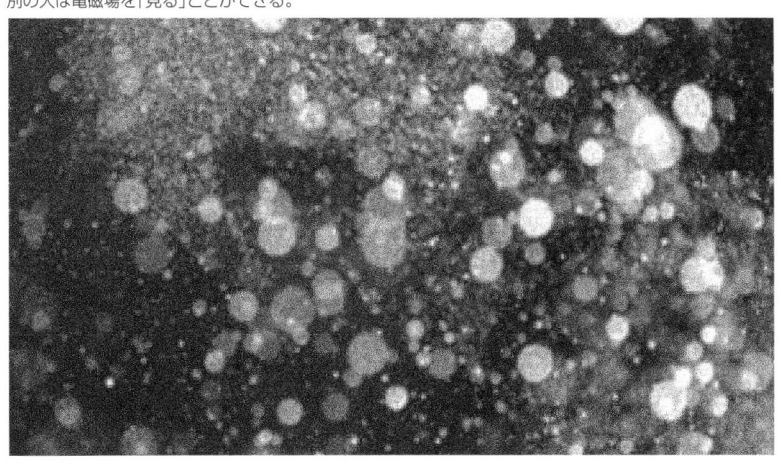

# UFOとの交信
## 第5種接近遭遇

　天文学者でUFO研究家のJ・アレン・ハイネック博士は1972年の著書 *The UFO Experience: A Scientific Inquiry*（邦訳『第三種接近遭遇』）で、接近遭遇を3種に分類し、そののち、分類を5種に拡大した。

　第1種接近遭遇には、空飛ぶ円盤、奇妙な光、未知の大気現象などの目撃が含まれるとされた。第2種接近遭遇には、身体への影響、熱や放射線、地面に残る痕跡、金縛りや失われた時間（帰還した行方不明者の記憶が欠落しているという事象）が欠かせない。第3種接近遭遇は「生命ある存在」の目撃を含む。第4種接近遭遇では目撃者の周囲の状況の質的な変化、たとえば宇宙船への搭乗、別世界への旅などが見られる。そして第5種接近遭遇では、テレパシーや瞑想、自覚的な集団行動をとおしてUFO搭乗員と相互に接触、交信がおこなわれる。

　最後の第5種遭遇が近年著しく増加しており、ETを「招く」ことができると主張するグループや個人が増えている。スティーブン・グリアの先駆的グループCSETI（地球外知性研究センター）は、強度の可視化能力者や瞑想家たちから成り立っている。彼らはUFOが集中的に目撃される場所におもむき、宇宙人たちに働きかけ、いつどこにUFOが現れるのかを教えてもらうという。光線と飛行物体をフィルムに収め、宇宙人とコミュニケーションをとったとする。巨大な宇宙船は離陸前に彼らのチームと光を点滅させて交信し、その後飛び去った。それを何百人もが目撃し、まれなケースでは、UFOが現れた畑に着陸跡を残していくという。UFOの実在に興味を持つ人はますます増えているので、私たちはもっと多くのこの種のできごとの報告を聞くようになるだろう。

瞑想者やテレパシー能力者のグループは、UFOとその搭乗員たちと交信できて、宇宙船がどこに現れるかを知らされ、待機場所の指示を受けとっていると主張する。テレパシーが言語の役目をしているらしい。

スピルバーグの映画「未知との遭遇」でUFOの着陸場所として使われたワイオミングのデヴィルズタワー。さまざまな意味で、この映画はUFOの存在を主張する人にとっては、リアルな第5種接近遭遇を描いたものだった。

# UFOの真実性の探究

## 事実は小説より奇なり

　UFO現象の研究はとても難しいものになるだろう。いつどこでUFOに遭遇するか分からないだけでなく、興味深い出来事の多くが、国家の安全に影響を与えるものとして隠されていたり、でっち上げに偽装される。政府は実際には何が起きているのかを調査をしている。一例をあげると、アメリカ空軍のプロジェクト・ブルー・ブック（1952年から1970年）のように、UFOにかんする何千ものレポートを収集し分析しているが、ほとんど不確定な調査結果でさえ、市民には秘密にしている。それに加えて軍にとっては、自分たちが理解できないものは地球外からきた宇宙船だと思いがちな大衆の存在は、利用価値があるというのもまた事実である。それでも何千という人々が不思議なものを目撃しており、かれらは決してバカでもイカれてもいない。

　UFO目撃における一貫した特徴は、その不気味な「異質さ」だ。作家のアーサー・C・クラークは「高度に発達した宇宙人の科学技術は、魔法と見分けがつかない」と書いた。彼の意見が示唆するのは、UFOが私たちの三次元の世界を超えた次元にいるのかもしれない、あるいは、ひょっとしたら、私たちは実際に宇宙人からのメッセージを見つけているのかもしれないし、または物質的な裏付けを欠いた宇宙人と出会っているのかもしれないということだ。実際に私たちは気づかないうちに宇宙人の現実のなか、彼らが作り出した仮想現実のなかで暮らしているのかもしれない。

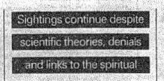

「フライング・ソーサー・レビュー」誌の記事の切り抜き。普通の人々が説明のつかない驚異的なものを目撃している。マスメディアより地方紙のほうがはるかに偏見の少ない取り上げ方をする。

# 潜在意識からの訪問者
## 古くからの元型のヴィジョン

　UFOは元型のヴィジョン、つまり聖ミカエルや聖母マリアの顕現の現代版といえるのだろうか。カール・ユング(1875-1961)は著書『空飛ぶ円盤』で、外部の現象は内面の精神状態を映し出しており、以前は神や天使や妖精として目撃された元型が、現代では急速に変化する新しいテクノロジーに対応した、集合的な人間心理の反応として、UFOとなって現れたのだとする。

　ユングの理論は、ジョン・ミッチェル(1933-2009)の著書『空飛ぶ円盤のヴィジョン』に引き継がれ、彼はUFOを人間の精神が生み出したものだと考え、次のように書いている。「UFOとは、水瓶座の時代のはじまりとともに人間の意識が根源的に変化することの前触れとなるものである」

　イギリスの外交官ゴードン・クレイトン(1908-2003)は、UFOはジン(精霊)であると──いたずら好きの精霊が物質的な乗り物の形をとって飛び回っているのだと──考えた。イギリス空軍の高官で、空中で目撃される説明不能の事象の専門家だったラルフ・ノイズ(1914-1998)は、UFOについて「あれがなんなのか、じつのところ分からない。彼らは我々と、つまりわが軍のパイロットや兵士たちと遊んでいる。ユーモアの感覚をもっているようだ」という。

　現代の作家パトリック・ハーパーは、人間の精神は伝統的に受け入れられている肉体の範囲を超えて、より大きな現実(大いなる存在)の不可欠な一部としての広がりをもつと考えている。現実は、われわれが考えているものとはまったく違う。UFOはメルクリウス*的なコミュニケーションの顕著な特徴を──すなわち、神々のメッセンジャーたる。「いたずらもの(トリックスター)」によって絶妙なタイミングでもたらされる混乱という要素を──備えている。鏡の向こう側からはこれまでずっと当然のこととして適切な反応がかえってきたというふうに現実の物理学的性質を捉えているが、それは誤った過度の固執と確信である。

イギリス人画家、ジョセフ・ノエル・パトン卿の「妖精の急襲」。世界中に現れる昔からよく知られた光の現象、失われた時間、妖精との遭遇——私たちは現代では、これらの現象をUFOや宇宙人による誘拐として認識している。

超自然的なものの出現は目撃者の意志に沿った時間と場所で起こる。1968年から71年にかけて、エジプトのザイトゥーンの教会に出現した、聖母マリアの写真のいくつか。この出現は数千人に目撃されている。

メルクリウス＊：商業の神でメッセージやいたずらの守護神でもある。

# それではETとは何なのか？

## あなたのお望みのままに

　最初のUFO研究者といわれるチャールズ・フォート（1874年生まれ）は、異常現象の報告を数多く収集し、UFO現象は宇宙人による訪問であると結論した。

　彼らは慈悲深い存在なのだろうか。UFO研究者のなかには、宇宙船に乗った宇宙人は、人間を誘拐して血液を飲んだり、奴隷にしたり、遺伝子を用いて異種交配種を創り出していると信じているものもいる。世界各地で起きている、牛などの動物の奇怪な殺傷事件（キャトルミューティレーション）についての指摘もある。多くの場合、動物は全身の血が抜かれ、道もないようなさびしい場所の高所から投げ捨てられていた。あごの骨から肉をまるで手術でもしたかのように切り取った傷があり、それには一直線の傷や、焼灼があったという。合衆国政府の異なる2つの捜査がキャトルミューティレーションを調査の対象にしている。

　一方、UFOカルト（UFOを神の遣いとするような教団）は増加している。20世紀初頭、ウェールズ人のキリスト教徒、メアリー・ジョーンズと彼女の仲間のリバイバリスト（キリスト教の信仰復興運動の指導者）は、明るくて動く球体は、神が彼らと交信しようとしている証だと人々に説いた（1877年以来、この地域では奇妙な青い光が目撃されてきた）。20世紀初めのインドネシアでは、ムハンマド・スブーが光る球体を見て、宗教団体「スブド」を創立した。「ヘヴンズ・ゲート（1997年、ヘール・ボップ彗星出現の際に集団自殺を行った）」や、より最近の「ラエリアンズ・ムーヴメント（教祖が異星人からメッセージを受け取り創始したとされる）」のような現代アメリカのカルトでは、教義の中心には進化した霊的なETが存在する。

　こうしてUFO現象については、邪悪な被害妄想的な見方（「われわれは家畜として飼われている」）から、宇宙で進化した超越的存在（「彼らは私たちが目覚めるのを待っている」）とするものまで、あらゆる見解が出そろった。

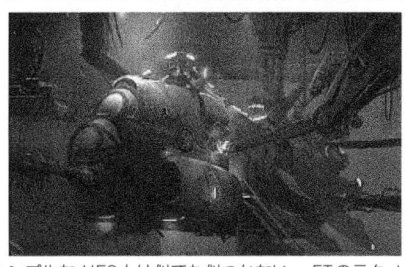

上：画家による宇宙船の絵は人々が目撃したというシンプルな UFO とは似ても似つかない。 ET のテクノロジーは UFO カルトが主張するように脱肉体的であり、脱物質主義的であることを示しているのだろうか？

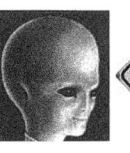

左：宇宙人とは、私たちを啓蒙しにやってきた進化した生き物なのだろうか？ それともいまだはっきりとしない理由で私たちを家畜として飼育しているのだろうか？ またはその中間に真実があるのか。おそらく、生物学者たちが少人数でアマゾンの熱帯雨林を研究するために出かけるのと同じように、原始的なままで物質主義的で、環境破壊に無頓着な私たちが住む地球には、小ぶりの ET 調査船でやってくるのだろう。

# フェルミのパラドックス
## そしてドレイクの方程式

　それでは、宇宙は知的生命であふれているのだろうか。カリフォルニア大学のフランク・ドレイクが最初に考案した方程式はその可能性を示している。しかしながらこれはロスアラモス国立研究所のエンリコ・フェルミが最初に口にした、「だったら、みんなどこにいるのだろう?」という疑問を生む。

　生物が生きていくには、適切な恒星から適切な距離にあること、そして(様々な要素の適切な組み合わせが必要なので)銀河系中心から適切な距離に存在する必要がある。さらには、その惑星がどろどろに溶けていた時代に逆戻りしないように、爆発を起こす超新星が近くにあってはならない。

　数百万年後にどんなテクノロジーが存在しているのだろうか、そして、私たちのような移動を好む知的な生物は、自らを環境汚染で死に至らしめることがなければ、どのように進化しているのだろうか。そして、UFOは?

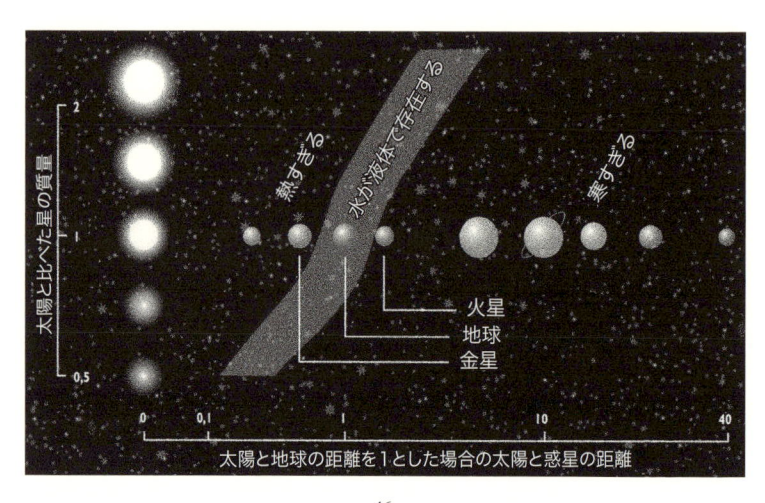

異星人はなぜホワイトハウスの芝生の上に着陸しないのか。それとも実際には着陸したのか。UFOはなぜ、普通の仕事をしているごく普通の人々の前にしばしば現れるのか。なぜ陸軍や空軍関係の施設の近くに現れるのか。地球は検疫中で「監察中」とでもいうのか。私たちは彼らにとって気にかける価値もないほど原始的なのか。あるいは私たちは間違ったシグナルを探しているのだろうか。SETI（地球外知的生命体探査）研究所は、過去のアナログ時代には、アナログ信号を細かく調べ、今日ではデジタル時代のホワイトノイズ信号を探している。次の時代のコミュニケーションの方法はどのようなものだろう。進化した生命科学の最終局面は物質的ではなく超自然的なもの、あるいはそれに何らかの関わりがあるものになるのではないのか。これらはみんなフェルミのパラドックスの答えである。

# ほかの星の生命
## 変化と収束

　地球の生物が生きるのには水が必要だ。しかしながら、冷えた衛星や惑星では、液体メタンが生命を育む物質となりうる。実際のところ、私たちの太陽系に存在する衛星や惑星には驚くべき多様性があるので、生命と宇宙人はどのような形をしていてもおかしくはない。

　一方、地球の有袋類と有胎盤哺乳類は、1億万年以上も前、ひとつの同じの祖先から枝分かれをし、2つの別々の道を進化していった。だから、オーストラリアに住む有袋類は、世界のほかの地域にいる有胎盤類の生物とは異なるはずだ。しかし、似たような生態的地位（生物種が生態系の中で占める位置）にいる2つの種同志はとてもよく似た形をしている（下の図参照）。もし視界をよくし、虫を食べ、速く泳ぎ、大きな歯を持ち、暗い巣に潜伏し、あるいは道具を巧みに扱いたいのなら、それをするために最適な形（デザイン）がある。進化はこうして同じ形に何度もたどり着く。

　これは収束進化と呼ばれているもので、宇宙人も宇宙の植物も地球上のそれらとよく似ている可能性を示している。DNAでさえ最適化されるのならば、宇宙人とは実際にはいとこ同志のようなものなのだろう。

| ムササビ | フクロモモンガ | オオカミ | フクロ(タスマニア)オオカミ |
| アリクイ | フクロアリクイ | オセロット | フクロネコ |
| モグラ | フクロモグラ | ウッドチャック | ウォンバット |

生物は遠くの惑星だけではなく、惑星のまわりをまわる衛星にも存在するかもしれない。私たちの太陽系では、エウロパとタイタンの2つの衛星が生物に適しているようだ。

似ているが異なる。ほかの惑星の生物は、地球で私たちが見ている形とそれほどかけ離れていないかもしれない。収束進化は、ある形になるのは、その形が最高の解決策であることを示している。

# 宇宙とは何か？

## なぜ宇宙は不思議なまでに生命に適しているのか？

　1970年代にジョン・バロウとフランク・ティプラーというふたりの研究者が、宇宙にかんする非常に奇妙な事態に気づいた。宇宙は、生命が存在するチャンスが最大になるよう極めて精緻に微調整（ファインチューニング）されているというのだ。実際、あまりに絶妙であるため、物理の定数のどれかひとつが少しでも違っただけで、宇宙全体がいかなる複雑構造の形成にも適さないものになってしまう。

　「人間原理」として知られるこのいささか変わった考え方では、宇宙は私たちが想像するよりはるかに奇妙で、ずっと有機的なものとされている。生命と意識は宇宙の副産物ではなく、むしろ宇宙の駆動力なのかもしれない。この問題を回避しようと、一部の物理学者は、ほかにも生命のない宇宙が無数にあり、生命に満ちた私たちの宇宙は偶然が生んだ奇跡だとする「多元宇宙」説を提唱している。また、私たちの宇宙は成功した親宇宙から生まれた子どもだと考える科学者もいる。映画『マトリックス』ふうの理論では、宇宙が生命にとって完璧に見えるのは、実はある種のコンピューターシミュレーションのようなもの、作られたヴァーチャルリアリティーだからであるとされている。

　宇宙が電磁気的であり結びつきあっているという事実はまた、宇宙は巨大な精神——もしかしたら「神」にも似たもの——なのではないかという可能性も示唆している（右頁参照）。予見能力のある広大な量子意識が、量子コンピューターのようにあらゆることを試し、最初から最善の解決法が働くように、自らの完璧なチューニングを想像で作り出したということはありうるだろうか？　だとすれば、そのなかで、私たちのような片隅に絡みついた生物の意識はどのような役を演じるのか？

　その正体が何であるにせよ、UFOは私たちに自らの起源を思い起こさせ、地上のいざこざなどとは無関係な、星々の間にあるかもしれない可能性に思いを馳せさせる存在なのである。

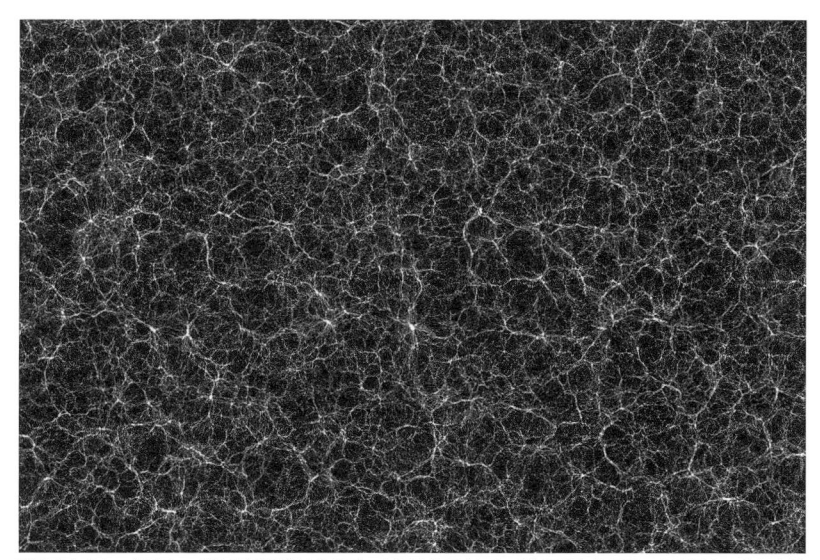

宇宙の小さな一部分を、極めて遠距離からのズームによりマクロレベルで見たところ。このスケールになると宇宙空間の構造は電気エネルギーの泡立ちに満ちており、銀河団がプラズマフィラメントに沿って連なっている（下の拡大図参照）。

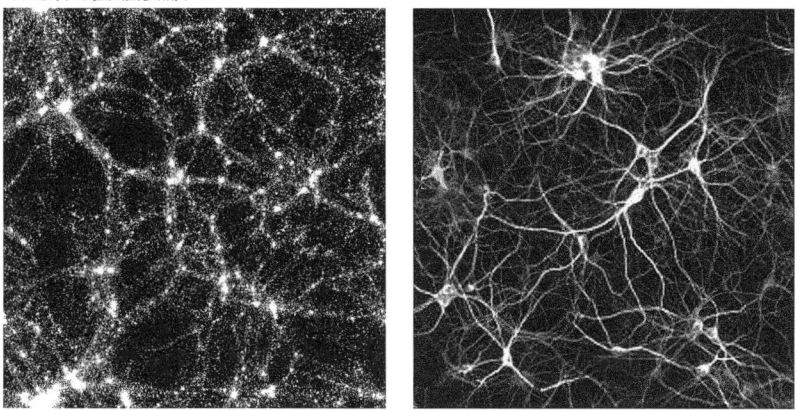

宇宙空間のプラズマフィラメントが銀河団同士をつなぎ、目に見えない電磁力ケーブルに沿って並べている。左の図では、小さな銀河団のフィラメントによって大きな銀河団同士がつながれている。この構造は、右図の神経回路ネットワークによく似ている。もしや宇宙は巨大な脳なのだろうか？

# 世界の有名UFO目撃事件

🛸 1878年1月、テキサス州ダラスの北方、約9.6キロで農場を営んでいたジョン・マーティンは、狩猟に出かけたときに、空に浮かぶ黒い物体を目撃した。その奇妙な形と近づいてくる速度がマーティンの注意を引いた。その物体は彼の真上まで飛んできた。彼はそれを「大きな皿（ソーサー、円盤）」と評した。この表現は「円盤」という表現が定着する1947年以前で、初めて記録に残されたものである。

🛸 1909年、イングランドのピーターブラ。それぞれ別の場所で、ふたりの警察官が早朝の5時10分、長い楕円形の不思議な飛翔物体を目撃した。それはサーチライトを照らして「高出力エンジンのブーンという音を間断なくさせ」ながら、頭上を飛び去った。

🛸 1910年、ニュージーランドのインヴァーカーギル。牧師、市長、警察官らが、葉巻型の飛行物体を目撃した。その物体の「ドア」には男が立っていて、未知の言葉を大声で叫んでいた。ドアが閉じて物体は加速して飛び去った。

🛸 1914年、カナダ、オンタリオ州。ジョージアン湾の水面に浮かんでいるUFOを8人が目撃。宇宙船には人間のような姿をした生命体が複数乗っていて、水中にホースを垂らしていた。目撃者に気づいた彼らは、ひとりを除いて船内に戻った。宇宙船はそのひとりを船外に残したまま、飛び去った。

🛸 1942年2月、カリフォルニア州ロサンゼルス。夜間の相次ぐUFOの出現で、南カリフォルニアに警報が出された。ロサンゼルスが停電したほどUFOをサーチライトで集中的に照らし、アメリカ陸軍の砲兵部隊が攻撃した。飛翔物体は風船（バルーン、気球）だったという主張は、風船ならば砲撃で落下したはずだとの理由で退けられた。

🛸 1944年から1945年。第二次世界大戦中には、ドイツや太平洋上を飛んでいたアメリカ空軍のパイロットたちが数多くの目撃例を報告している。高速で光を発するそれら球形の物体は、戦闘機の近くを、しばしば彼らと編隊を組むように飛んだ。輝く赤やオレンジ色、白色に光る球体は「フーファイター」と呼ばれるようになった。それらの物体は、あたかも知能によってコントロールされているかのように、戦闘機をからかうように飛び、脅威は与えなかった。

🛸 1944年8月。フランス。イギリスへの帰還の途中、ランカスター爆撃部隊所属の8人は、大きな円盤形物体が、長く連なる明かりのなか

から現れたのを目撃した。彼らは注視していたが、その物体は3分後に一瞬にして消え去った。任務終了後に上司に報告したさいには、その事象について他言しないように、また、業務日誌にも目撃したことを記録してはならないと釘を刺された。

🛸 1948年10月1日、ノースダコタ州ファーゴ。この出来事は、経験豊富なパイロットであるジョージ・F・ゴーマン中尉の詳細な体験記録として残されている。UFOは「信じがたい」動きで、中尉が搭乗していた機体の真ん前に飛んできて、27分間の遭遇のあいだに少なくとも2回、衝突しそうなほど接近した。地上にいた複数の目撃者もUFOを視認した。

🛸 1951年。アメリカ合衆国の宇宙飛行士のディーク・スレイトンは、雲一つなく晴れわたったある日、ミネソタ州ミネアポリス近くでマスタング戦闘機P-51の試験飛行中にUFOを目撃した。最初、スレイトンはそれを高度約3000メートルに漂う凧、あるいは気象用気球だと思ったが、近づいてみると戦闘機と同じ時速約480キロで動く小さな円盤だった。直後、円盤は加速して消えた。

🛸 1952年7月。ニューヨーク発マイアミ行きの航空便の機長、ウィリアム・B・ナッシュはその晩現れた複数のUFOを目撃したふたりのうちのひとりだった。「連中はくるりと横向きになった。私たちの左側にあった縁が上向きになり、光り輝く面を右側に向けた。底にあたる面ははっきりとは見えなかったが、明かりはついていない感じだった。こちらから見える縁は、やはり明かりはついていなくて、約4.5メートルの幅があった。上面は平に見えた。形状と縦横の比率からいうと、硬貨にとてもよく似ていた。輪郭ははっきりしていて、明らかに円形をしていた。縁はかっちりとしていて、輝いてもいなければ、不鮮明なところは少しもなかった」

🛸 1952年8月。当時ほとんどが米軍の管理下にあった羽田空港で、戦闘機が円盤形UFOをレーダーに捕捉した。デューイ・フォーネット少佐はそれを地球外の惑星からきた飛翔物体だと考えた。

🛸 1952年9月。イングランドのトップクリフ空軍基地。銀色の円盤形物体が、空中で回転しながら英国空軍のグロスター・ミーティア・ジェット戦闘機のあとをついてきた。北海上空では別の英国空軍機6機が球形の物体を追ったが、見失った。しかしその物体は基地に戻った1機のあとをついてきた。

🛸 1952年10月。フランスのオロロン。複数の市民が円筒型の物体を伴った30個の球形のUFOを目撃した。それらの物体からは白く「髪の毛のような」物質が落ちてきて、電話線や木の枝、家々の屋根に積もった。その物質は形状から「エンジェルヘアー」の愛称で呼ばれた。

1954年6月。ラブラドールのグースベイ（カナダ）近くで、航空便のクルーと乗客の全員が形を変えながら飛ぶ大きなUFOと小さめの6個の物体を、18分間にわたって目撃した。ジェイムズ・ハワード機長は「疑う余地はない……知能を有するものが操縦していた」と語った。

　　1954年7月。アメリカ空軍の戦闘機F94スターファイヤーが、高速のUFOを追跡中に、ニューヨーク州ウェールズヴィルに墜落した。この事故に巻き込まれて、市民数名が死亡した。

　　1954年8月。マダガスカルの首都タナナリヴで、丘の向こうに「鮮やかな緑色に光る球体」が降下していくのが目撃された。それは再び現れると、およそ105メートルの高度を、市の中心街に沿って飛び、何千人もの市民を驚かせた。その物体の後方には銀色に輝く、約40メートルの長さの飛翔体が、青い炎を排気させながら飛んでいた。一帯が停電したが、それらの物体が飛び去ったあとに、電気は復旧した。犬たちは走り回って吠え、牛はパニックを起こして檻から逃げようとした。

　　1954年10月。イギリス、ノースウィールドの英国空軍基地。ジェイムズ・サラディン航空大尉は、グロスター・ミーティア戦闘機F8に搭乗中、サウスエンド・オン・シーの上空4880メートルで、UFO2機と接近遭遇した。飛翔物体は円形で、ひとつは銀色、もうひとつは金色をしていた。サラディンはもう少しで衝突するところだった。

　　1954年11月。イタリアのチェンニーナ。40歳の農家の主婦、ローザ・ロッティが、ふたつの円錐を縦に組み合わせたような紡錘形の物体が地面に立っているのを目撃した。物体の背後から身長約90センチの小柄な人がふたり現れて、親しげな様子で彼女に近づいてきた。ふたりは中国語のような言語で話しかけ、彼女が手に持っていたストッキングと花束を奪おうとした。ローザは逃げた。その後、現場には深い穴が発見された。

　　1954年12月。ベネズエラ、カラカス近くのフロレスタ。ラカルロタ空港からミランダ通りに向かって車を走らせていた医者とその父親が、茂みに駆け込むふたりの小柄な人を目撃した。直後、茂みの背後から光り輝く円盤が現れて、ものすごい速度で空に飛び立った。甲高いシューシューという音が聞こえた。

　　1955年7月。ロンドンの雲ひとつなく晴れわたったベクスリーの上空に、円盤形の物体が浮かんでいるのを30人が目撃した。UFOがブーンという音をさせながら通りに着陸すると、近くの自動車のエンジンが止まった。数本離れた通りにも別のUFOが着陸した。

🛸 1956年8月。イングランドのレイクンヒースとベントウォーターズ。英国空軍がUFOをレーダーに捕捉した。1機は時速約6400キロ、もう1機は時速約1万9200キロを超す速度で飛んでいた。空軍パイロットもそれらの物体を肉眼で確認した。UFOはときに隊列を組んで飛び、また集合してより大きな物体へと変化した。大きな物体となっても鋭く方向転換した。

🛸 1957年7月。合衆国上空で英国空軍のB47爆撃機が、明るい光に約1100キロにわたって追いかけられた。この明かりは爆撃機に搭載していたECM(電子攻撃対応機器)も捕捉していた。この物体は減速することなく、瞬間的に鋭く方向転換し、消え去った。のちに、別の爆撃機パイロット、ブルース・ベイリー中佐は「ほかにも似たような事例はあり、そのうちの1回を彼自身が目撃した」と語った。

🛸 1957年11月。ブラジル、サンパウロ市近くのイタイプ駐屯地で、歩哨2名が夜空にまばゆい光が現れて駐屯地の方角に、ものすごい速度で向かうのを目撃した。それは幅約30メートルの円形で、まぶしいオレンジ色に輝いていた。ふたりはサブマシンガンを携帯し恐怖をおぼえたにもかかわらず、発砲することも、警報を出すこともできなかった。UFOがブーンという音を出し、熱波を放つと、ふたりの衣服に火がついた。ひとりは地面に倒れて気を失い、もうひとりは遮蔽物に身を隠した。ふたりの叫び声を聞いた近くの部隊が駆けつけたが、そのときにはすでに光は消えていた。数分後、光が再び戻り、熱波がやんだ。兵士のなかにはUFOが飛んでいったと証言するものもいた。

🛸 1960年8月。カリフォルニア州レッドブラフ。パトロール警官2名が、今にも墜落しそうな航空機を発見したが、それはUFOで、突然上方に飛び上がり、複雑な飛び方を見せた。

🛸 1960年10月。オーストラリア、タスマニア州クレッシー。ライオネル・ブラウニング牧師夫妻が葉巻型「母船」と複数の空飛ぶ円盤を目撃した。この事象は数々の関係機関が詳細な調査をおこなっている。

🛸 1962年5月から7月にかけて。NASAのパイロット、ジョセフ・ウォーカーが5機または6機のUFOを動画で撮影した。ウォーカーによると、ロケット航空機X-15の飛行中にUFOを発見することも任務のひとつだったという。ロバート・ホワイト少佐も飛行中に「灰色っぽい」UFOを近くで目撃したと報告。NASAの宇宙飛行士、ゴードン・クーパーとエドガー・ミッチェルは、UFOは実在すると断言している。

🛸 1963年11月。アルゼンチンの沿岸近くに、大きな円形のUFOが音もなく現れて、海軍の輸送船を含む、様々な船舶のコンパスの針がUFOの方向を指した。

🛸 1964年9月。カリフォルニア州、プレイサー郡シスコ・グローヴ。近くをUFOがジグザグに飛び、50メートルほど離れた場所に停止したので、ハンターは木にのぼって身を隠した。「エイリアンたち」は木からハンターを振り落とそうとした。恐怖を覚えたハンターは彼らに矢を放ち、ほぼ一晩中、闘い続けた。その途中でもっと大勢の「エイリアンたち」が加わった。仲間のハンターもUFOの目撃を報告している。

🛸 1965年12月。アメリカ合衆国の宇宙飛行士、フランク・ボーマンとジェイムズ・ラベルは14日間にわたるジェミニ7号搭乗中に、軌道上で近くを飛ぶUFOを目撃した。ボーマンは彼らのカプセルから少し離れたところに「国籍不明の飛行物体」があったと報告。ケープ・ケネディのコントロールセンターはそれを、ジェミニの打ち上げに使われたタイタン・ロケットの最終ブースターだと述べた。ボーマンはそれは理解できるが、彼が見たのはそれとは全く別のものだったと語った。

🛸 1965年。ニューハンプシャー州エクセター。夜間の相次ぐUFO目撃談と、高速で動く物体との恐ろしい接近遭遇情報が、多くの市民から寄せられた。なかには強いショックを受けた警察官や軍関係者など信頼にたる人々も含まれていた。

🛸 1966年1月。オーストラリア、クイーンズランド州タリー。農夫のジョージ・ペドリーはトラクターを運転中に、上から大きなシューシューという音がするのに気づき、見上げると大きな灰色をした円盤形の物体が回転していた。その物体は、直径約7.5メートル、高さ約2.7メートルほどで、沼地から飛び上がり、高速で飛び去った。

🛸 1966年4月。オハイオ州ポーテージ郡。5、6名の警察官が、国道224号線に沿って飛ぶUFOを追跡した。最初はふたりの警察官が、10メートルほどのUFOが約20メートル上空を飛びながら、パトロールカーに向けてビームを照らしているのに気づいたのだった。そのUFOは大きなブーンという音をたてていた。物体が南東に方向転換したので、警察官たちはあとを追った。ほかの警察官たちにも情報が届き、彼らも追尾に加わった。空軍のジェット戦闘機が迎撃のためにスクランブル発進したが、UFOは高速で視界から消えた。プロジェクト・ブルーブックは、警察官たちは誤って金星を追跡したのだと結論づけたが、現場にいた警察官たちは問題外だと一笑に付した。

🛸 1966年11月。ウエストヴァージニア州ポイント・プレザントの近くで、ロジャー・スカーベリー夫妻と別の夫婦が、身長約2メートルの生き物を目撃した。人間によく似ていたが、幅約3メートルの羽が生えていた。それは真っ赤に燃えるような眼をしており、夜の闇に飛び去った。

100人以上の人々が、それぞれ別の場所で同じ生き物を目撃していて、のちにその生物は「モスマン(蛾男)」と呼ばれるようになった。ジョン・キールはこの町がUFOの飛来や、メン・イン・ブラックの訪問、エイリアンとの接触など数々の奇妙な出来事を経験していると述べた。

1967年2月。ミズーリ州タスカンビア。農場近くの牧草地で、農夫のクラウド・エドワーズが幅5.5メートルほどの灰色がかった緑色をしたキノコ型物体を目撃した。その物体の下で4、5体の小さな生き物が素早く動いていた。エドワーズは近づいていったが、物体から約4.5メートルのところで「フォース・フィールド(見えないバリア)」に阻まれ、前進できなくなった。その後、物体はゆらりと揺れると、静かに立ち上がった。中央のシャフトがベース部分に引っ込み、空に飛び立ったあと、地面に穴があいていた。

1967年5月。カナダ、マニトバ州。原野のなかにあるファルコン湖の近くで、鉱山の試掘者、ステファン・ミカラクが葉巻型物体2機を目撃。2機は空から降りてきて、うち1機が彼の近くに着陸した。近づくと声が聞こえた。ドアが開くと、内部には明かりがついていた。物体に触れたところ、手袋が溶けた。物体は飛び上がり、噴射された熱風を受けてミカラクは地面に倒れ込んだ。そのとき衣服に火がつき、彼は2度および3度のやけどをおった。

1967年10月。ノヴァスコシア州シャグハーバー(カナダ)。UFOが4つのまぶしい光を順序よく点滅させながら、水面に浮かんでいた。それは45度に機体を傾け、海中に飛び込んだ。2機目のUFOもあとを追って海中に没した。数日後、2機は海から出ていったが、少なくとも1機はソナーに捕捉されていた。目撃者のなかには軍関係者も含まれていた。

1967年10月。英国デヴォン州での有名なUFO飛来事件。王立天文台は「星や天体ではないなにかがいる」と発表。十字の形をした物体が、木の高さでまぶしい明かりを点滅させているのを、午前4時にふたりの警察官が40メートル離れた場所から目撃した。ふたりは時速130キロで15分間にわたり追跡。午前4時23分に2機目の物体が1機目に合流。一般のドライバーもこれらの物体を目撃した。約23キロにわたって追跡したのち、午前5時ごろにUFOは消えた。

1967年11月。ロシア連邦、カザンのマスグトフ夫妻がリングを持った土星のような形の赤っぽい物体が、コマのように回転しながら、10分間、空に浮かんでいるのを目撃した。その物体は発光していて、平べったいリングも同じように赤っぽい色をしていた。回転速度が上がったように見えた直後、その物体は消え去った。

🛸 1968年11月。フランス南東部。朝早く、フランス人の医師が、泣きながら窓を指差している子どもに起こされ、外を見ると2つの輝く物体があった。医師は傷が治ったり、皮膚にシミが繰り返し出るといった身体的影響を体験した。

🛸 1969年10月。のちの大統領ジミー・カーターが、ジョージア州リアリー上空で未確認飛行物体を目撃した。ほかに10から20人ほどの目撃者がいた。「日没直後、西の空に緑色っぽい光が現れた。光はどんどん明るさを増し、しばらくして消えた。それは堅い物質ではなかった。ただ、とても奇妙な光だった。われわれのだれひとりも、それがなんであった分からなかった」

🛸 1969年10月。チリ海軍の駆逐艦に乗船していた乗組員たちと艦長が、6機のUFOを目撃。それらはレーダーにも捕捉された。そのうちの1機が駆逐艦の真上に来たとき、艦の電源が切れた。これより前にチリの科学者たちは「奇妙な物体がこの星に来ているという科学的証拠がある」と述べていた。

🛸 1971年11月。カンザス州デルフォス。夜間、農場で羊の番をしていたロン・ジョンソンはキノコ型UFOが現れて、近くに着陸するのを目撃した。それはとても明るく、幅約2.4メートルほどで、大きな振動音をさせていた。飛び去ったあとにはリング状に光る跡が残り、その後数年間、リングの形が消えなかった。

🛸 1973年10月。オハイオ州マンスフィールド。米軍ヘリコプターに搭乗していたローレンス・コイン大尉ほか、4名が灰色の金属のような葉巻型物体と接近遭遇した。それは普通ではない明かりと動き方で、コロンバスとクリーヴランドのあいだを飛んでいた。

🛸 1974年9月。カナダのサスカチュワン。農場主のエドウィン・ファーが農場の地面すれすれに、コマのように回転する金属っぽいドーム型の物体5個が浮かんでいるのを目撃した。数分後、5個はそれぞれ静かに真上に飛び上がり、煙を吐きながら去っていった。牧草がリング状に倒れていて、幅は約2.4メートルから3.3メートルだった。2日後、牧草地で別のリング状の跡が見つかった。

🛸 1975年8月。ニューメキシコ州アラモゴード。アメリカ空軍のチャールス・L・ムーディ三等軍曹が光り輝く、金属製の円盤形物体が近づいてくるのを目撃した。UFOは浮かび上がり、消え去った。ムーディ三等軍曹は「エイリアン」にUFO内に拉致され、そののち解放されたと述べた。

🛸 1975年10月。アメリカ、メイン州のローリング空軍基地。同基地でいくつかの奇妙な出来事が起きた。基地は、自動車くらいの大きさのUFOが「武器庫の近辺で、明らかな意志を持って動いていた」と結論づけた。基地は完全警戒態勢を取った。

🛸 1976年1月。ケンタッキー州スタンフォード近くで、3人の女性が赤くまばしい物体が空にあるのを目撃した。最初、そのうちのひとりはそれを、火災を起こした航空機だと思った。2軒の家を合わせたほどの大きさのその物体は近くに降りてきて、彼女たちが乗っていた車を意のままにし、女性たちを拉致した。

🛸 1976年4月。ウィスコンシン州エルムウッドの警察官ジョージ・ウィーラーは、タトルヒル近くの空に輝くオレンジ色の光を調査するためにパトカーを走らせた。「なんてことだ。またUFOが現れた」とウィーラーは警察無線に叫んだ。「すごく大きい。二階建ての家よりも大きい」 次の瞬間、UFOから青い光線が放たれ、ウィーラーとパトカーを直撃した。無線は使えなくなり、パトカーも壊れた。ウィーラーは意識を失い、回復しなかった。放射能に汚染されたと思い込んだ彼は数週間入院し、半年後に死亡した。

🛸 1976年6月。カナリア諸島で「異質な球体」と光を、複数の人間が目撃した。大きなヘルメットをかぶった身長約2.4メートルから3メートルの「異質な生物」2体が、透明な球体の「プラットフォーム」、あるいは「コントロールセンター」と思える場所に見えた。

🛸 1976年8月。メイン州のアラガッシュ・ワイルダーネスで、学生4人が大きな楕円形の光り輝く物体と遭遇した。物体は木の上に浮いていて、4人は強い光に包まれた。のちに、催眠状態におかれた4人は、拉致され、物体に連れ込まれて身体検査をされたと説明した。

🛸 1976年8月。ブラジル、ジャボティカトゥバス近くで、シシリオ・イジニオ・ペレイラは、近所の女性ふたりと自宅に帰る途中でUFOに襲われた。人里離れた地域の、舗装されていない道を、3人は近づいてくるまばしい光に追われて走った。シシリオは転んで倒れた。大きな開いた傘のような物体が彼におおいかぶさるように降りてきた。あたりに硫黄の匂いがし、物体のドアの向こうに2、3人の小柄な男たちが見えた。その後、物体は消えた。放射能に汚染されたためか、シシリオは具合がひどく悪くなり、この病が原因で2ヶ月後に亡くなった。

🛸 1977年3月。フランス空軍のパイロット、エルベ・ジローは、夜間、高度約9700メートルをミラージュ戦闘機Ⅳで飛んでいたところ、衝突進路上で非常にまぶしく光る物体に遭遇した。ジローは回避行動を取り、軍のレーダーに無線報告した。物体は地上のレーダーでは捕捉されなかった。その物体、あるいは別の物体は再び現れ、ジローは機体を傾け、鋭く方向転換してこれを避け、リュクスイユの基地に無事生還した。

🛸 1978年(?)。ロシアのウラジミール・アザザ教授の話。「ある日、北極海でわれわれの砕氷船が航行していると、まばゆく光る球体の乗り物が突然氷を突き抜けて垂直に飛び上がり、氷のかけらが砕氷船に降り注いだ。デッキにいた船員たちとブリッジにいた高級船員たちは、全員がこれを目撃した。氷に開いた穴を無視することはできなかった」。教授はこれが発射されたミサイルであることを否定した。

🛸 1978年10月。オーストラリア、バス海峡。パイロットのフレデリック・ヴァレンティックから地上の管制室に、金属のような輝きを放つ大きな未確認の「飛行物体」が頭上を旋回していると無線連絡が入った。金属音が17秒間続いたあと、無線は静かになった。ヴァレンティックはいまだに行方不明となっている。

🛸 1978年12月。イタリア、ジェノア。近衛兵のピエール・フォルトゥナート・ザンフレッタが深夜の職務中に「身長約3メートルの複数のモンスター」に拉致された。怪物は「毛のはえた緑色の皮膚と、黄色い三角形の眼をしており、ひたいには赤い血管が横に走っていた」。エイリアンたちは彼らの言語をイタリア語に変換する「光る機械」を使った。

🛸 1978年12月。ニュージーランドの複数のパイロットがUFOを目撃した。同乗していたテレビ局のカメラマンが、光を点滅させる球体を映像におさめ、また地上のレーダーにもこの物体が写っていた。UFOは2機で、1機は「横向きの線で囲まれた、コマのように回転する球体」で、帰りの飛行中に映像におさめられた。こののち複数のジェット戦闘機が完全警戒態勢をとり、さらなるUFOに備えた。

🛸 1979年4月。宇宙飛行士のヴィクトル・アファナシェフが「構造的な」UFOが彼の宇宙船に向かって方向転換し、あとをついてきたのを目撃した。その物体は「工学的に造られたもので、金属の一種でできていた。長さは約40メートルで、潜水艦のように二重構造になっていた。物体には幅の狭い部分と広い部分があり、内部に開口部があった。小さな羽のような突起物もいくつかついていた」という。

🛸 1979年11月。スコットランド、デッヒモント・ロウの森林。森林作業員のボブ・テイラーが、木のはえていない開けた場所の端で、地面すれすれに浮かんでいる大きな灰色をした円形の物体を目撃した。その物体から、機雷のようにトゲのある球体が2個、転がるように出てきて、テイラーを引き寄せようとした。テイラーは意識を失い、気づいたときにはそれらの物体は消えていた。テイラーはふらつく足で自宅に逃げ帰った。友人たちによると、テイラーは信頼に足る人物だという。

🛸 1980年4月。ペルー、アレキパ。ペルー空軍の部隊長、オスカル・サンタマリア・ウェルタスは、ラホヤ空軍基地近くの飛行禁止空域に侵入してきた未確認の「気球」を迎撃するために発進した。高度約2400メートルの上空で連射したが、その物体を撃ち落とすことはできなかった。UFOは一気に高度を上げ、ウェルタスはあとを追った。そのスピードはときに音速に達するほどだった。ロックオンして追尾したものの、物体は3回も急上昇して攻撃をかわし、ついには約1万9000メートルの高度まで上がっていった。それは気球などではなく、ドーム型に光る、羽のない物体だった。

🛸 1980年代。ノルウェー、ヘスダーレン峡谷とその上空で、異様な光の目撃情報が1940年代から報告されている。正体不明のまぶしい白色、または黄色の光が漂っていたり、音もなく浮かんでいるのが、ときに1時間以上も目撃された。特に1982年と1983年には頻繁に現れたため、光の原因を探るための科学調査がおこなわれたが、うまく説明のつく結論は出なかった。「構造的な」船体も目撃されている。

🛸 1981年1月。フランス、トラン=アン=プロヴァンス。民家の庭にUFOが着陸し、すぐに土煙をまき散らして飛び去った。近くにいた目撃者によると、下面に4つの開口部があったという。

🛸 1981年5月。ロシアのウラジミル・コバリョノク少将は「既知の物理法則を無視した」UFOを目撃。ロシアの宇宙飛行士、アレクサンドル・バランディンもミール宇宙ステーションの近くで、空飛ぶ円盤を目撃したとの報告が記録に残っている。

🛸 1982年10月。フランス、ナンシーの細胞生物学研究者が自宅の庭で、小さな光る飛行物体が空から降りてきて、地上1メートルのところに浮かんだままホバリングするのを20分間にわたって目撃した。その後、その物体はどんどん真上に上昇し、ついに視界から消えた。物体がホバリングしていた近くのアマランサスの葉が、あたかも強力な電場の影響を受けたかのように、すっかり枯れていた。

🛸 1982年11月。ポルトガル空軍のパイロット、フリオ・ゲラがトーレス・ヴェドラスの近くをチップマンク機で飛んでいたとき、直径約2.4メートルから3メートルの金属的な円盤が、高速で近づいてきた。それはチップマンク機の周りを繰り返し旋回するなど、巧みな飛行を数々おこない、最も接近したときには機から約4.5メートルまで近づいた。ほかにもゲラに追いついてきたふたりのパイロットがこれを目撃した。その後、物体は飛び去った。

🛸 1983年3月。IBMのエド・バーンズはニューヨーク州のタコニック・パークウェイを北に向かってドライヴ中、大きな三角形の飛行物体を目撃した。翼のうしろの縁だけで40個もの色のついた明かりがついていて、バーンズの車のほぼ真上でホバリングしていた。速度は非常にゆっくりとしていた。「あれは空飛ぶ町だった。小さな物体ではなかった。巨大だった」

🛸 1983年10月。アメリカ合衆国ニューヨーク州のクロトン・フォールズ貯水池で、ジム・クックは巨大な三角形の飛行物体が、音も立てずに水面から約4.5メートルの高さに浮いているのを15分間にわたって目撃した。9つの赤い明かりが点灯し、赤い光線か器具のようなものが下に伸びており、水を探っているように見えた。自動車が通ると、明かりが暗くなり、UFOはほとんど見えなくなった。その後、物体は飛び上がり、ゆっくりと夜空に消えていった。

🛸 1984年7月。円錐形の「サッカー場3つ分ほどもある」巨大な未確認物体が、ニューヨーク州ブキャナン近くのインディアン・ポイント原子力発電所の上に浮かんでいた。8つの明るい光がついていて、稼働中の原子炉がある施設から約9メートルと離れていないところの上空をゆっくりと動いていた。要請を受け州兵が武装ヘリで出動したが、撃ち落とす前にUFOは消えていた。

🛸 1986年11月。日本航空1628便、ボーイング747貨物輸送機の機長、寺内謙寿はアラスカのアンカレッジ近くを飛行中、巨大な円形の物体を目撃した。物体は水平の縁に色のついた複数の明かりを点滅させていた。そのUFOは空母ほどの大きさがあり、747と同じ進路を30分間にわたって飛んだ。地上のレーダーにも写り、747のほかの乗務員2名もこれを目撃した。この物体と2機目の物体は、ある時点で747の前方で停止し、そこから熱が放射されていた。そのとき寺内は顔に熱さを感じた。

🛸 1987から1990年。フロリダ州ガルフブリーズの建設業者エド・ウォルターズは様々なUFOと遭遇したと主張し、3年間にわたってそれらを映像に記録した。多くの人々は、ウォルターズは映像を加工していると考えているが、この地域では、当時、疑いようのない本物のUFOが目撃されている。観察グループはメキシコ湾の海岸上空の高いところに、赤く輝くUFOをしょっちゅう目撃しており、それをブッバと名付けていた。

🛸 1988年1月。オーストラリア、ナラボー平原に住むノウルズー家が、ドライヴ中にUFOが彼らの車を引っぱり上げようとしたと報告。同時に「声が歪む」という奇妙な体験もした。近くにいたトラックの運転手もUFOを目撃した。また、約80キロ離れたところでも、マグロ漁師がUFOを目撃し、そのさいにやはり声が変になったという。

🛸 1989年2月。ロシア、ザカフカスのナリチク。標高1500メートル未満のこの町の上空に、巨大な円筒型物体が飛来したのを数百人規模が目撃した。金属的で、長さは約45メートルあり、先端部分を後尾より低くして、時速約100キロで飛んでいた。前とうしろにスポットライトがあるように見え、また「窓」もあった。飛び去る前に方向を転換したとき、後尾に複数の尾翼が見えたが、方向転換終えるとそれらは消えた。このような多形性は、ロシアにおけるほかのUFO目撃事件でも報告されている。

🛸 1989年7月。ロシアのカプスーチン・ヤール陸軍ミサイル基地。軍人7名が「基地施設(ロケット貯蔵庫を含む)の上空に、1時間以上もホバリングしていた」3つの物体を目撃した。そのうちの1機はまぶしく光る円盤のように見えた。戦闘機が調査のために出撃したが、飛翔物体はすばやい動きでこれを回避した。UFOは基地に向かって光線を照らし、船体を三角形に変形させた。非常にすばやく動くことができ、同時に「空中で瞬時に静止することもできた」

🛸 1990年3月。モスクワの東にあるペレスラヴリ・ザレスキー。空軍参謀長であるイゴール・マルツェフ大将が、巨大な円盤形物体がレーダーに捕捉されたと語った。音を立てずに「軸を中心に回転しており、水平と垂直の両方向でS字旋回を行った」 高度約90メートルから約7300メートルのあいだを飛び、その速度は現代のいかなるジェット機の2倍から3倍も速かった。

🛸 1990年8月。スコットランド、ピットロッホリーのカルヴァイン。大きなダイヤモンド型UFOが空軍のハリアー戦闘機の横を、10分間にわたってホバリングしているのが目撃された。その後、UFOは高速で空の彼方に飛び去った。このとき撮影されたUFOの写真を分析した国防省のニック・ポープは、それを直径約25メートルの「堅い構造物だ」と述べた。

🛸 1990年。宇宙ステーションのミールに滞在していた宇宙飛行士、ヴィクトール・ゲンナジー・ストレカロフは、UFOを目撃した。「ゲンナジー・モナコフを窓際に呼び寄せた……突然、丸い物体が現れた。きれいで、ピカピカと光っていて、ぼくは10秒間もそれを見ていた……完全な球体だった」

🛸 1991年4月。アリタリア航空のアキル・ザゲッティ機長は、ミラノ発ロンドン行きの便で、ヒースロー空港に降下中、すぐ脇を高速で追い抜いていった葉巻型UFOを目撃した。このニアミスの直後、ザゲッティは管制塔に報告。管制塔も同航空機のおよそ18キロ後方に未確認物体を確認した。国防省はミサイルの可能性を否定したものの、目撃情報については説明をしなかった。

🛸 1991年5月。ロシア、北コーカサスのピャチゴルスク。バス会社の役員4人が巨大なUFOと、小さな尾がついた真っ赤な球体5個を目撃した。それとは別のサッカー場ほどもある巨大な乗り物には、中央に大きなノズルがついていた。このUFOはまったく音をたてず、1分ほど見えていたが、その後消えた。

🛸 1991年9月。ブラジル、リオグランデ・ド・ノルテ州の農園に住むヘリナルド・ダンテスは、自転車で帰宅途中、多彩に光る大きな球体があとをついてくるのに気づいた。怯えたダンテスは木に隠れたが、UFOは20分間にわたって木の上に浮かんでいた。その間、UFOからは高温の熱が放射されていた。木が折れて倒れ、ダンテスは柵の下に逃げ込んだ。恐ろしい青い光は切り株の上にとどまったのち、飛び去った。

🛸 1992年4月。ジョージ・ウィングフィールドは、ワシントン記念塔の数百メートル上空の晴れわたった青空に、小さな白い円盤が静かに浮かんでいるのを目撃した。その背後には7つほどの小さな光が飛んでいた。一緒にいたふたりの女性もその円盤を目撃し、ひとりは写真に撮った。それらとは別の複数の物体も、方向を変えながら飛んでいた。それは明るさを増し、そして消えた。10分後、別の暗く形を変化させる物体が静かに、ほかの進路を水平に飛んでいた。「それらのUFOは、飛行機やよく知っているものとは違っていた。このときの異様な飛行現象はとても現実とは思えなかったが、私たちははっきりと意識があり、眼も覚めていた。このときのことはUFO現象の本質的な一面を示している。幽霊のように物理的にはあり得ないものが、あの日、われわれの現実にあらわれたのだ」

🛸 1994年6月。ルーマニア、アラド。早朝4時、羊飼いのトライアン・クリサンが麦畑の3メートル上空に、円形の物体を目撃した。強烈な風にあおられてクリサンは倒れ、帽子が吹き飛ばされ、羊は逃げた。UFOには小さなドアが開いていて、口ひげとあごひげをたくわえたふたりの男が立っていた。そのうちのひとりは正教会の司祭にそっくりだった。その後、UFOは上昇し飛び去った。牧草の上には直径42メートルの円形の跡が残った。

🛸 1994年9月。ジンバブエ、ルワのアリエル・スクールで、5歳から12歳の生徒60人が、校庭に空飛ぶ物体が着陸したと騒ぎ、教師と職員を驚かせた。生徒たちは着陸したUFOから奇妙な生き物が現れたところを目撃し、のちにその生き物の絵を描いた。約15分後、「宇宙船」と生き物は視界から消えた。

🛸 1994年。中国、武昌の農夫、メン・チャオグォが山腹に輝く金属製のものを目撃した。彼は近くに見に行き、意識を失った。のちに、身長約3メートルの女性の宇宙人がメンを訪ねてきた。彼女は腰から下が裸で、指が12本あった。メンは、40分間ほど空中浮揚しながら宇宙人と性的体験を持ったと語った。宇宙人は60年

後に混血の子どもが誕生すると彼に告げた。警察の嘘発見機にかけられたが、ウソはついていないとされた。

● 2000年1月。イリノイ州ハイランド近く。別々の場所で勤務中の5名の警察官が、大きな三角形の未確認物体が夜空に浮かんでいるのを目撃した。物体はときに非常にゆっくりと、ときに高速で動き、音はまったく立てていなかった。ほかにも大勢の目撃者がいて、UFOは「とてもまぶしい」あるいは「眼がくらむほどの」明かりをつけていたという。この物体はこの地域で、高度約300メートルから400メートルを、9時間ほど飛んでいた。

● 2000年5月。南アフリカ、ワーデンのクリエル警部補は、高速道路4車線ほどの幅がある楕円形のUFOを目撃したと報告。警部補の車に2回接近したあと、それは飛び去った。物体には上下にドーム型の構造物がついていた。

● 2001年4月。スロバキア、レヴィツェ近くの原子力発電所の上空から、非常にまぶしく光る円形のUFOが降りてきた。その物体はつい最近閉鎖された原子力施設の上を通り過ぎて、稼動したばかりの施設の上に向かっていった。2本の排気筒をかすめるように飛んだ物体は、4基ある原子炉のうちの最初の1基の上空で停止した。テレビのニュース番組は、UFOは稼働中の原子炉の約6メートル上空に、10分間にわたって空中で停止したのち、飛び去ったと伝えた。

● 2004年6月。アメリカ空軍は南氷洋から飛び立った多数のUFOを確認し、戦闘機を出撃させた。UFOはレーダーから消えたあと、再び、最初に出現した場所に現れ、すぐに波の下にもぐっていった。1952年にも銀色をした複数の円盤形UFOが南氷洋でパイロットに目撃されている。

● 2006年11月。シカゴのオヘア空港。C17番ゲートの約460メートル上空、580メートル近辺にあった雲のかたまりより下に、金属のように見える円盤が空中で停止しているのを、ユナイテッド航空の複数のパイロットを含む、大勢が目撃した。それは5分から15分くらいのあいだ見えていた。その後高速で上昇し、雲にはっきりとわかる円形の穴を開けて飛び去った。その穴からは青空が見えた。

● 2007年4月。イギリス海峡チャンネル諸島のオルダニー島に向かって、約1200メートルの高度をトライランダー機で飛んでいたレイ・ボウヤー機長は、およそ88キロ離れたところに輝く黄色の巨大なUFO2機を目撃した。それらは細い葉巻のような形をしていたが、黒っぽい帯状の模様が右端を一周するように入っていた。2機とも長さは1.6キロほどで、地上のレーダーでも捕捉された。乗客もこれらのUFOを目撃した。

## UFO HITS WIND TURBINE
### 4am prang at 300ft

🛸 2007年11月。英国、ウエスト・ミッドランズ、ダドリー。空に、黒い三角形の物体が静かに浮かんでいるのが目撃された。目撃者は「下側に特徴的な赤い明かりがついた、まるで巨大なドリトス(トルティアチップス)のようだった」と述べた。UFOは2010年にも再び現れた。

🛸 2008年1月。テキサス州スティーブンヴィル。警察官が巨大なUFOを追跡した。スピードガンで測ったところ低速で飛んでいた。「スピードガンを空に向けなければならなかった。そしてしっかりと捕まえることができた。時速は約43キロと表示されていて、それは徐々に速度を上げていった……市民は本当のことをいっているのだと、みんなにわかってもらいたい……」

🛸 2008年6月。ウェールズでUFOの目撃情報が相次いだ。そのうちのひとつは、警察のヘリコプターが、英国国防省のセント・アサン空軍基地の上空で急降下したUFOを追跡したもので、それは「空飛ぶ円盤の形」をしていた。3人のクルーが乗っていたヘリコプターは、明るく輝く物体をブリストル海峡まで追いかけたが、燃料切れとなった。

🛸 2009年1月。長さ約19.5メートルもある風力タービンの羽根が壊れた理由は、UFOによる衝突が原因らしい(左図参照)。英国リンカンシャー州コニスホルム近くの風力発電所で、約87メートルの高さにあるタービンが夜間に激しく損傷した。当時、周辺ではいくつかのUFO目撃情報が報告されていた。衝突の直前、風力発電所の近くで点滅するオレンジ色の明かりを目撃した者が、女性ドライバーをふくめ十数人いた。しかし満足のいく説明は発表されなかった。

🛸 2009年7月21日。ロシア海軍はUFOに関する記録を機密扱いから外した。ロシアの「自由報道サイト」は目撃情報の50パーセントは海で起きていて、そのうちのひとつの事件では、原子力潜水艦が未知の物体6個に追跡されたと報道している。潜水艦はそれらの物体を振り切

ることができずに浮上。未知の物体も浮上して、そのまま飛び去った。

🛸 2009年10月。オクラホマ州マウンズ、RMCC天文台。5名の天文学者が、形を変えながら飛ぶUFOを目撃した。そのUFOの下の部分では、いくつもの明かりが物体の周囲を回っていた。その物体はあっという間に視界から消えた。その速度は「われわれが知っているものや、一般的に知らされている軍事上のいかなるものよりもずっと速いことは明らかだった」

🛸 2010年7月。中国の新華社通信によると、未確認の飛行物体が目撃されたあと、杭州の空港職員は乗客の航空機への搭乗を中止し、出発便は1時間空港に足止めされたという。到着便は別の空港へルート変更された。なんの説明もなかったが、この数時間前に杭州の住民の多くが、明るく輝く大きな細長い物体が空に浮かんでいるのを見たと語っている。

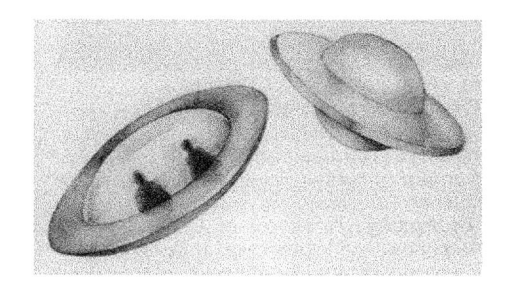

**著者 ● ポール・ホワイトヘッド**
UFOの専門誌である「フライング・ソーサー・レビュー」誌の編集者を長年つとめるイギリスでもっとも信頼されるUFO研究者。

**著者 ● ジョージ・ウィングフィールド**
天文学と古代遺跡の専門家。20年以上にわたってUFOの研究を続ける。

**訳者 ● 野間ゆう子（のま ゆうこ）**
編集者。UFOには幼少時から興味を持つ。未だ目撃経験なし。

## 未確認飛行物体 UFOの奇妙な真実

2013年8月20日第1版第1刷発行

| | |
|---|---|
| 著 者 | ポール・ホワイトヘッド　ジョージ・ウィングフィールド |
| 訳 者 | 野間 ゆう子 |
| 発行者 | 矢部 敬一 |

発行所　株式会社 創元社
　　　　http://www.sogensha.co.jp/

本 社　〒541-0047 大阪市中央区淡路町4-3-6
　　　　Tel.06-6231-9010　Fax.06-6233-3111
東京支店
　　　　〒162-0825 東京都新宿区神楽坂4-3 煉瓦塔ビル
　　　　Tel.03-3269-1051
印刷所　図書印刷株式会社
装　丁　WOODEN BOOKS／相馬 光（スタジオピカレスク）

©2013 Printed in Japan
ISBN978-4-422-21467-2 C0311

<検印廃止>落丁・乱丁のときはお取り替えいたします。
JCOPY <（社）出版者著作権管理機構 委託出版物>
本書の無断複写は著作権法上での例外を除き禁じられています。複写される場合は、そのつど事前に、（社）出版者著作権管理機構（電話 03-3513-6969、FAX 03-3513-6979、e-mail: info@jcopy.or.jp）の許諾を得てください。